# L'histoire naturelle des ESTRANGES POISSONS MARINS,

AVEC LA VRAIE PEINCTVRE
& description du Daulphin, & de
plusieurs autres de son espece,

Obseruee par Pierre Belon du Mans.

AVEC PRIVILEGE.

A PARIS.
De l'imprimerie de Regnaud Chaudiere.
1551.

## ΕΙΣ ΤΟΝ ΑΙΔΕΣΙΜΩΤΑΤΟΝ ΚΑΙ ἐκλαμπρότατον κύριον Καρδινάλιον τὸν ἀπὸ τοῦ Καστιλλιοναίου Πέτρου Βελλονίου φιλιατροῦ.

Δέχνυσο σοῦ θεράποντος ὑπὲρ τάτε ὄμματι πρᾶφ.
ἐξ ἰδίας σπουδῆς, τουτὶ τὸ πυκτίδιον.
τυτθὸν μὲν τελέθει τὴν ἀρχὴν, ἐς δὲ νέατα
σοῦ γ' ἐπικουροῦντος, μεῖζον ἐποισόμεθα.
αὐτὸς γὰρ φιλόμουσε πέλεις ἐμὸς ἀσπιδιώτης.
τῷ, σῆς προστασίας οὐδὲν ἄνευ τελέσω.

## AD DOMINVM ODDONEM CALIgnium Castellioneum Cardinalem, Claudij Calderij typographi hexastichon.

*Si volucrum natura placet, iucundáque scitu est*
*Quadrupedúmque omnes lectio docta iuuat:*
*Qui natale solum dorso premit æquora Delphin,*
*Quíque freto varius mergitur Ionio,*
*Non erit extorris: sed sub te numine dexter*
*Proderit, & volucres quadrupedésque teret.*

# A monſeigneur mõſieur le Reuerendiſ-SIME CARDINAL DE CHAS-TILLON, LIBERAL Mecenas des hommes ſtudieus, entiere proſperité.

MONSEIGNEVR, *me trouuant en ce loiſir, duquel ie ſuis a preſent par vostre benignité iouiſſant, apres auoir deſcript en noſtre langue, les choſes memorables, & les richeſſes de la terre de pluſieurs pays eſtranges ou i'ay eſté, & la fertilité de diuerſes mers, dont vous auez veu pluſieurs pourtraicts, & deſquels il vous a pleu me ouir parler: & ſachant bien que vous n'auez plus grand plaiſir, que d'employer le temps cõuenable, a entendre les choſes qui ſont extraictes de l'intime cognoiſſance des hiſtoires naturelles: & que donnez voluntiers quelques heures du iour apres les repas, a deuiſer & ouir des propos d'erudition qui ne trauaillent point l'eſprit:* Apres que *i'ay conſideré, que vous eſtiez ſouuerain admirateur des choſes prinſes de l'antiquité: & que les* Princes *de ce temps la, ont eſtez ſi curieus de faire retirer les vraies effigies des choſes qu'ils auoient propoſé faire engrauer en leurs medalles, qu'ils n'ont iamais permis qu'on y ait feinct vne faulſe peincture, ains ſe ſont efforcez de recouurer les plus excellẽts ouuriers quils pouuoient trouuer, & auſſi quils n'eſpargnoient rien a enuoier gents exprez en diuerſes parties du monde, pour chercher les choſes dont ils vouloient auoir le portraict contrefaict au vif:* Et *que i'ay cogneu que les effigies des* Daulphins *qui ſont maintenant grauees en toutes les eſpeces des monnoies modernes, n'ont non plus d'affinité auec le naturel, que de commun auec celles, qu'on voit grauees es ſtatues ou es mõnoies*

 *antiques.*

antiques. Ie me ſuis mis en debuoir, de vous rendre les vraies peinctures des Daulphins, retirees tant du naturel que de l'antique, auſquelles ie n'ay rien adiouſté d'artifice, ne diminué, non plus qu'on y a trouué: a fin de les vous preſenter mais non ſans vous en faire demonſtration: car i'ay auſſi eſcript toute l'hiſtoire qui appartient a la nature du Daulphin, ou i'ay pareillement adiouſté pluſieurs autres figures des animauls qui ſont de ſon eſpece: a fin que vous aiãt ſpecifié chaſque choſe par le menu, i'aye lieu de pouuoir mieuls prouuer que ie ne me ſuis pas trompé par erreur, en prenãt l'vn pour l'autre. Laquelle hiſtoire il m'a ſemblé bon mettre en noſtre langue, deſirant que ſoubs voſtre authorité, a laquelle ie l'ay dedié, plus de perſonnes en euſſent plaiſir. Vous ſuppliant Monſeigneur, la receuoir de meſme viſage, qu'il vous a pleu receuoir l'autheur d'icelle, quand il ſ'eſt preſenté a vous.

# Preface.

COMBIEN que entre les autheurs Grecs, Aristote, Porphyre, & Elian aient escript plusieurs liures de la nature des animauls: Oppian, des poissons: Nicander, des serpents: & que Pline entre les Latins, les ait indifferemment quasi touts recueillis ca, & la, tant des dessus dicts, que de plusieurs autres autheurs, qui les auoient obseruez par lõg vsage: Toutes fois ie n'ay laissé d'en elire le seul Daulphin entre touts ceuls dont i'ay eu la cognoissance, en les cherchant sur les lieux de leur naissance, duquel i'ay mis la description & peincture a part: & y ay adiousté ce qu'il m'a semblé necessaire a l'explication de toute l'histoire de sa nature: veu mesmement qu'il n'y a iamais eu loy, tant fust rigoreuse, qui deffendist qu'õ ne peust biẽ adiouster vne chose raisõnable, a ce qui auroit este desia inuenté. Et cognoissant qu'il n'est animal plus vulgaire, ne plus commun en la memoire des hommes, qu'est le Daulphin: & que toutesfois il ne s'est trouué homme qui le cognoisse: i'ay entrepris d'en bailler les viues images, & de faire qu'il soit cogneu de touts. Laquelle chose ie pretés faire par les vrais portraicts, & par les obseruations que i'en ay faictes: non pas seulement de luy, mais aussi de plusieurs especes de son genre, touts lesquels i'ay amplement descripts en deus liures, dont ie

propoſe que le premier monſtrera toutes les parties
tant de ſa peincture exterieure,que de toutes les autres de ſon genre. En apres le ſecond fera veoir toutes autres choſes,qui concernent les parties interieures,par leurs anatomies,& peĩctures d'icelles. Oultre
plus a fin que aiant confuté les monſtres qu'on a-
uoit autre fois imaginé pour les peinctures
des Daulphins, en noz monnoies,ie
puiſſe mõſtrer que les portraicts
qui en ont eſte faicts,ſoiẽt totalement fauls:& aiant lieu
de pouuoir prouuer que
i'ay mis la vraye peincture des Daulphĩs a la clar
té des hõmes,vn chaſ-
chun ſe perſuade de
les auoir a la verité.

# Le premier liure de l'histoire naturelle DES ESTRANGES POISSONS marins, auec la vraie peincture & toute la description des parties exterieures du Daulphin, & plusieurs autres de sõ espece,

*Obseruee par Pierre Belon du Mans.*

*Chapitre premier.*

AINTENANT que i'ay trouué iuste occasiõ de parler du Daulphin, & des autres poissõs de sõ espece: sachãt biẽ qu'il soit vn poisson qui tient le sceptre en la mer, & qu'õ luy ait donné le second lieu es armoiries en France: & aussi qu'il soit en dignité, le premier apres les fleurs de lils: ie me suis mis en deliberation de descrire amplement toute l'histoire qui luy conuient, suiuant vne particuliere obseruation de toutes ses parties, tant exterieures que interieures: descriuant fidellement toutes choses qui doibuent estre librement descriptes, sans y adiouster ne diminuer chose que Nature ne luy ait dõné, laquelle nous cognoissons si benigne a tout ce qu'elle produict, qu'elle n'oublie iamais de bailler le douaire aux choses tel qu'elle voit iustement appartenir a ce qu'elle ha engendré. Mais comme pour le iourd'hui ie voy que les autheurs modernes qui se mettent a descrire la nature des animauls ou des plãtes qu ils ne cognoissent pas, me semblent estre semblables aux chantres de vieilles chansons, qui ne chantent que par vsage, sans auoir la science de musique: Tout ainsi ie n'ay proposé de m'amuser aucunement a leurs ramas, ne aussi aus fables qui en ont esté faictes. Car ie m'en raporteray a ce que les principauls autheurs anciens en ont escript, desquels il me suffira prendre l'authorité en preuue de ce que i'ẽ escriray: veu mesmement qu'ils ont eu si grand soing en mettãt les choses par escript, qu'ils n'ont rien laissé en arriere, tellement que ce que lon en dict apres euls, & principalement Aristote, touchant

touchant ce qui appartient a la principale descriptiõ de l'histoire ne soit que vne repetition dicte plusieurs fois. Aussi qui ne les ensuit de bien pres, n'ha pas grand chose a dire qui soit nouuelle. Voila donc comment les modernes qui ont cheminé par les pas des antiques, qui se sont mis a traicter de la nature des animauls qu'ils n'ont pas veu, n'en peuuent dire sinon ce qu'ils en ont trouué es liures des autres. Dont plusieurs pour le iourd'huy ont faict des ramas de toutes choses mal a propos, en prenant indifferemment des autheurs, tãt de ceuls qui en ont menti, comme des autres qui en ont escript a la verité. Et comme il est a presupposer que touts n'aient pas entendu la verité de la chose qu'ils ont escripte, aussi si les modernes qui ont marché par leurs pas, ne l'ont entendue, il leur auroit esté impossible de scauoir distinguer les marques mal escriptes, de celles qui en ont esté dictes a la verité. Ie n'ay donc pas failli en disant que tout ce qu'ils en escriuent, n'est que redicte, qui n'ha rien d'asseurance ferme & stable. Et pour en monstrer vne pour exemple, ie prendray le Daulphin, & les autres poissons de son espece. Il n'y a cellui de ceuls qui escriuent de sa nature, qui ne mette qu'il ait vn aguillõ dessus son dos: & toutesfois ie maintiens quil n'en ha point. Dõt vient l'erreur qui ha trompé tant de gents, sinon qu'il n'y a eu encor personne qui se soit mis en debuoir de l'obseruer? Voila donc comment l'vn ensuit l'autre en toutes notes. Mais ie espere specifier ceste chose plus au lõg, quãd i'en parleray en son propre chap. presuppošãt qu'vn chascũ face du mieuls qu'il luy soit possible, & aussi que l'excuse soit par tout tolerable: veu mesmemẽt que touts hõmes se mettẽt en debuoir de faire du mieuls qu'ils peuuẽt. Parquoy sachãt que l'aage renouuelle tout, & aussi que no⁹ voiõs quasi toutes choses se chãger de iour en iour, i'ay escript vn discours particulier touchant ceci, qui au parauant n'a esté escript de personne. Et ce que ie pretens faire, n'est autre chose, sinon que ie vueil enseigner la vraie perspectiue du Daulphin, & aussi en bailler la peincture, laissant toutes prolixitez inutiles, mais au surplus n'oubliant rien de quoy ie me soye peu souuenir des notes qui luy conuiẽnent singulierement: a fin que ayãt mis & exposé toutes les parties exterieures & interieures, selon que ie les ay obseruees en diuerses contrees du monde, vn chascun se puisse ſe puiſſe perſuader, que ie n'aye rien eſcript, choſe que moy meſme ne l'aye veue.

*Combien que le Daulphin ne ſoit pas cogneu des Francois pour tel, toutesfois ils l'ont en commun vſage, mais il n'eſt pas nomme par ſon nom propre.* Chapitre II.

OR pour ne m'eſloigner d'auãtage de mon entrepriſe, qui eſt que ie puiſſe mõſtrer qu'il ne ſoit poĩt veu de poiſſõ plus cõmun par les poiſſonneries qu'eſt le Daulphin: ie di toutefois, pour ce qu'il n'a pas retenu ſon antique appellation, que l'on ne trouue perſonne qui le puiſſe bien cognoiſtre. Mais comme le ſort permet les choſes, les Francois en n'y penſant point, & ne ſachants point que c'eſt luy, l'ont conſtitué en ſi grand honneur, qu'ils luy ont baillé le titre du Roy des poiſſons, tant de la mer, que des lacs & riuieres. Oultre plus ils l'ont tant eſtimé, qu'ils l'ont mis le ſecond apres les fleurs de lils, tellement qu'ils l'ont portraict en toutes les eſpeces des monnoyes d'or, d'argent, & de cuyure, & peinctures d'armoiries, d'eſtandards, & banieres.

*Que le Daulphin ſoit ſouuerain es repas des Francois es iours maigres: mais ils ne penſent pas que ſoit luy, d'autant qu'il a vſurpé le nom d'vn autre.* Chapitre III.

D'Auãtage ils ont voulu qu'il retint auſſi la reputation du premier lieu entre tous autres poiſſõs qui ſõt apportez de la mer. Car apportez a la poiſſonnerie, touts ont conſenti qu'ils ſoient ſeulement dediez pour eſtre preſentez au repas des plus riches, ou bien a ceuls qui ont le moyen de faire vn peu plus grande deſpenſe: car les delicats qui ont le palais plus friand, l'ont eſtimé eſtre le plus delicieus qu'on puiſſe trouuer en la mer. Mais les Frãcois ignorants leurs richeſſes, & ne cognoiſſants pas que c'eſt luy, ne le ſcauent exprimer, ſinon que par vn mot qu'ils ont emprunté d'eſtrange pais, lequel ie declareray tantoſt. Mais combiẽ qu'il ne ſoit appellé Daulphin, il ne laiſſe pas pourtant d'obtenir le premier lieu en toutes ſortes. Et pour parler de ceuls es mains deſquels il tombe pour la premiere fois, encore qu'ils ſoient des plus ruſtiques de tout le riuage de l'Oceã, pour cela il ne demeurera pas pour euls: & encore qu'ils ayent couſtume d'eſtre nourris des poiſſons prins en leur contree, ce neantmoins ils ne le mãgeront pas, ſachants bien que telle viande ne conuient a leur nature:

ture:Car pour y auoir plus grand gain,ils le feront porter aus villes de terre ferme,le voulãts consacrer quasi cõme chose vouee, a ceuls qui ont plus d'argent en leurs bourses pour en acheter. Et encores qu'on en puisse bien recouurer, scauoir est qu'il ne soit tant rare de soymesme, toutesfois son excellence le fait sembler pretieus.& principalement s'ils l'apportent aus iours maigres: esquels iours on ne faict festins ne nopces, qu'on puisse vanter auoir esté sumptueus,si on n'y a mangé du Daulphin: non pas que les Francoys le cognoissent & le nomment de telle dictiõ de Daulphin,mais comme i'ay desia dict, touts l'appellent d'vne voix estrange qui n'est pas Frãcoyse,mais empruntee des estrangiers. Voyla donc comme le Daulphin reste en toutes qualitez en son entier,excepté qu'on luy a mué son nom. Car comme ie diray ci apres faisant distinction de son gẽre par les especes, il est impropremēt nõmé enFrãcoys. Vray est que ceuls qui le nõmēt plus propremẽt que les autres,l'appellent vne Oye.Mais pour ce ce que nom n'est asses entendu, i'en parleray par apres generalement & plus amplement.

*Qu'il n'y ait que les hommes de la religion Latine qui mãgent du Daulphin,& que les nations du pais du leuant en mangent aucunement* Chapitre IIII.

Apres que i'ay dict que le Daulphin soit singulier es delices de nostre natiõ,ie n'ay voulu passer oultre,sãs y adiouster ce que i'en ay trouué es autres pais:qui sera bien propos contraire touchant ce poinct.Car comme il soit delicat entre les Francoys, & qu'il tienne le premier lieu entre les poissons, les estrangiers ne pourrõt lire ceste clausule sans s'en emerueiller,veu mesmemẽt que toutes les nations du leuant estiment vne chose cruelle, & a euls abominable, d'outrager vn Daulphin, & par consequent ils s'abstiennent du tout d'en manger. Et commenceray par les Grecs,desquels la superstition est accreue entre euls plus grande qu'elle ne fut iamais,& principalement touchãt le boire & le mãger.Car encore pour le iourd'hui, ils s'abstiennent entierement tout le temps de leurs quaresmes de manger poisson qui ait sãg aussi ne vouldroyent gouster de la chair du Daulphin, quand ils debueroient mourir de faim. Et quand on leur en demande la raison, ils ne scauent alleguer sinon qu'ils tiennent cela par vsage, suiuant les fables dont ie parleray cy apres. Et a mon

aduis

aduis, ſuiuant ce que nous en trouuons par eſcript, ie croy que les anciens Grecs ne les ayent iamais pourchaſſez en la mer, pour les manger. Pluſieurs des anciens autheurs, auſſi Epimenides & Eliã, ont eſcript que les Grecs les tenoyent ſacrez, comme auſſi furent conſacrez a Neptune. C'eſt de la que touts les habitãts du riuage de la mer, a la coſte d'Aſie, de quelque religion qu'ils ſoyent, n'en mangent non plus que ceuls des riues de la mer Ionique & Adriatique, ne auſſi vne bonne partie de la mer Mediterranee, & pareillement de la mer Pontique, auec touts les autres qui ſont reſtez du parti des Grecs, & nations qui n'obeiſſent pas a l'egliſe Rõmaine, comme Sercaſſes, Eſclauons, Vallacques, Dalmates, Ruſſiens, Albanois, & principalement ceuls qui habitent aus riuages des mers, tant du Pont Euxin, que de l'Adriatique. Leſquels ſuiuants la religion Greque penſeroient auoir leur conſcience grandement chargee, ſ'ils auoyent tué vn Daulphin, car il n'y a celluy d'entre euls, qui ne ſache raconter l'hiſtoire d'Arion, comme ſi c'eſtoit vne choſe qui fuſt aduenue de noſtre tẽps. Et pource que en traffiquant il leur cõuient quaſi touſiours eſtre ſur mer, ils ont le commun parler tant antique touſiours en leurs memoires, de ceuls qui ont dict auoir experimenté que le Daulphin ſoit miſericordieuls, & qu'il faille l'aimer, pource que le Daulphin aime ceuls qui ſont tombez en la mer, de la meſme amour cõme ſi ceuls qui ſont tombez les auoient aimez auant qu'ils y tombaſſent. Pour cela ils ne permetront iamais les laiſſer nayer, ains les mettront ſur leur dos, & les conduiront iuſques au riuage. C'eſt la raiſon qui a induict les Grecs de les auoir anciennement nommez Philantropos de nom Grec, qui ſignifie ami de l'homme: & ſuiuant leſquelles hiſtoires, ils ſ'abſtiennent de les offenſer. Pluſieurs poetes & hiſtoriens ont eſcript beaucoup de fables des Daulphins, deſquelles ne pretens eſcrire, ſinon en l'endroict qui me ſera neceſſaire a la prouue du propos que tiendray. Voyla quant aus Grecs, & autres qui enſuiuent leur religion.

*Que touts les Mahometiſtes, ne mangent point du Daulphin, & la raiſon pourquoy ils le font.* *Chapitre* V.

D'Auantage il y a pluſieurs autres natiõs qui n'en mãgent poĩt, mais ils ne le fõt pas ſans raiſõ. C'eſt que toutes les natiõs qui enſuiuent la loy de Mahometh, comme les Turcs, Arabes, Egyptiens, Perses, Syriens, ont opinion que la chair du Daulphin leur soit deffendue, d'autant qu'elle ressemble a celle d'vn porceau. Et que le porceau estant defendu en leur loy, semblablement tiẽnẽt que telle chair du Daulphin leur soit defendue: aussi n'en mangent ils point.

*Raison pourquoy les Iuifs s'abstiennent de manger du Daulphin.* Chapitre VI.

EN cas pareil les Iuifs en quelque part de la terre qu'ils soient, ne mãgent point le Daulphin, ne des autres poissõs qui soyent de ses especes. Car quand a eulsqui sont obseruateurs des cõmandements de Moyse, il ne leur est licite de manger poisson qui ne ayt des escailles. Par ainsi ils ne pourroient manger du Daulphin sãs transgresser leurs commandements: aussi n'en mangent ils poĩt, car il n'ha point d'escailles.

*Preuue par demonstration, que les Italiens non plus ceuls qui sont en terre ferme, que ceuls qui ha+ ne mangent point du Daulphin, + bitent aus riuages.* Chapitre VII.

I'AY desia nommé beaucoup de nations, qui ne mangent point du Daulphin, ne aussi des autres qui luy sont semblables, desquelles nations ie n'ay rien escript touchant le Daulphin, que moymesme ne l'aye entendu en estant en leur pais, & aussi cogneu par experience. Mais pour ne parler de si loing, ie puis dire semblablement, qu'il y a plusieurs gents en Italie, qui n'en veulent point manger. I'ay dict raison vray semblable pourquoy toutes les autres nations n'en mangent point: mais a ceste ci ie n'en ay point, ny ne sçay pourquoy ils le font, sinon que pour exemple, i'ay esté long temps coustumier de descendre par eaue de Padoue, me partant touts les ioeudis au soir, & selon la coustume du pais, & m'estant embarqué dessus la Brẽte, allant toute nuict le bateau se trouuoit a Venise le vendredi matin, ou ie demouroie tout le iour, obseruant les poissons qu'on auoit apportez de touts costez au marché: aussi y aiant esté residẽt les quaresmes entiers, ay souuent demandé a touts les pescheurs s'ils vendoiẽt iamais du Daulphin, mais touts m'ont asseuré qu'ils n'auoiẽt souuenance que iamais ils eussent veu vn seul Daulphin apporté a Venise, ne qu'on y en eust iamais vẽdu. Et qu'il ne soit vray, mõsieur Daniel Barbar⁹ l'vn des pl⁹ doctes gẽtils hõmes de Venise,

maintenãt

maintenãt ambassadeur en Angleterre esleu d'Aquilee, qui a entretenu a ses gaiges l'espace de huict ans vn tresexpert peintre nõmé messer Plinio, le faisant seulement besongner la plus part du temps aus peinctures de toutes especes de poissons, retirant tant ceuls de la mer Adriatique, que de la Mediterranee, & des fleues & lacs de toute Italie: & lequel il a si bien faict besongner, qu'il ha le portraict contrefaict au naturel des viues images non seulement de ceuls qui ont estés apportez au marché ou es poissõneries de Venise: mais aussi des autres qui luy ont estés singulierement enuoiez des ports & plages d'Esclauonie: lesquelles peinctures sont beaucoup plus de trois cẽts de cõpte faict, & desquelles par sa bonte ledit messer Daniel Barbarus, m'a octroié faire retirer au pinceau celles que i'ay voulu choisir: mais en toutes, il n'y auoit point de peincture de Daulphin. Voila donc comme ie prouue par demonstration qu'on ne pesche point des Daulphins en la mer Adriatique. Car si lon y en peschoit, il est aussi a croire que monsieur Daniel Barbarus, en eust eu le portraict en ses peinctures. Ceuls de Naples m'ont asseuré le semblable de leur ville, & aussi de Missine, & de Genes, comme aussi ceuls de toutes les autres grosses villes qui sont situees au riuage sur les ports des mers du contour d'Italie: comme aussi les autres qui sõt en terre ferme, & mesmement a Romme. Car vn trescauãt medecin nõmé maistre Gilbert, Flament & homme curieus de recouurer les peinctures des animauls, m'a asseuré que en tout le temps & espace de dix ans, il ne veit onc apporter q'vn seul Daulphin a la poissonnerie: lequel encor ne fut pas mangé: car il ne se trouua personne qui en voulut acheter, sinõ quelque peu d'estrãgers: & qu'il en acheta, pour auoir la gresse, & les ossements de la teste, qu'il garde en son cabinet. Nous auons encore plusieurs autres beauls exemples qui sont de ce temps ci. Car les habitants de la ville de Rimini en Italie, au riuage de la mer Adriatique, trouuerent vn Daulphin n'a pas long temps, qni estoit demouré a sec sans eaue dessus le sablon, a vn quart de lieue de leur ville, lequel ils firent charger dedens vn chariot tout en vie, & l'amenerent a Rimini, ou il vesquit trois iours. Et s'il est vray ce qu'ils m'en ont dict, ceuls qui l'amenerent gaignerent vne grande somme d'argent a le mõstrer. Car chascũ qui le vouloit veoir, bailloit quelque piece d'argent. La mesure qu'ils mõstroient de la longueur, estoit pres d'vne aulne & demie. & toutesfois iamais homme ne tasta de sa chair. Car ils n'ont point d'vsage d'en manger: sinon qu'ils se seruirent de sa gresse. Et pour en laisser memoire, ils purgerẽt les ossements de sa teste, laquelle ils gardent encore auec sa queue pendue au dessus de la porte de la ville, qui est la ꝓchaine du port. auquel lieu il y auoit l'escaille d'vne tortue, dõt ils en ont cõtrefaict vn monstre, mettant la teste deuant, & la queue derriere: & pour autant que ie fei retirer le portraict des ossemẽts de ladicte teste, ie l'ay faict representer en ce lieu auec la peincture des Daulphĩs, cõme lon pourra veoir ci apres quãd ie parleray des interieures parties de la teste du Daulphĩ. I'auoye tout ceci a dire en prouue que les Italiens n'aient acoustumé de manger du Daulphin, de laquelle chose il me sẽble qu'il suffit pour ceste heure, de ce que i'en ay dict.

*Que les hommes des pais du Leuant pensent que soit plus grande cruaulté d'offenser vn Daulphin, que de tuer vn homme: & qu'ils l'ont en grande veneration.* *Chapitre* VIII.

IAY voulu adiouster d'auantage, qu'il n'y a aucũ des pescheurs Turcs, Grecz, Esclauons, Albanois, & autres gents qui suiuent la religiõ Greque, qui se mette iamais en effort de faire mal a vn Daulphin: mais ils ont de coustume, que quand aucũ d'entre eulx ont pris vn Daulphin dedens les rets, ils prennent bon augure, & encore que le Daulphin eust faict dommage aus retz, ils ont grãd paour de luy faire mal: & le remettẽt en la mer, auec parolles de saincteté, en disant des prieres, & estimants que quand ils ne leur feront violence, cela leur pourra profiter en autre temps. Car celluy d'entre eulx qui se pourrra raisonnablement vanter qu'il ait donné liberté par dix fois a vn Daulphin, pẽsera en acquerir grãde louange entre ses compaignons. Et a ce les meut vne commune raison que i'ay desia par ci deuant escripte. C'est qu'il n'y a celluy d'entre eulx, qui n'ait opinion, que quand ils seroient en vne extremité a la mercy de la mer, ou que leur nauire seroit froissee contre les rochiers, ou autrement brisee ou batue entre les vagues des horribles tempestes de la mer, ou bien qu'il fust iecté en l'eaue par la malice de ses compaignons, comme fut Arion, que les Daulphins qu'il auroit autrefois deliurez de captiuité, en recõpẽse compenſe luy ſauueroyent la vie. Et oultre ce que i'ay dict, encore dure vne autre opinion non ſeulement entre les Grecs, mais auſſi entre quelque partie des Italiens, & principalement entre les mariniers Venitiens, que ſ'il y auoit quelcũ en leur nauire qui euſt tué vn Daulphin, & la nauire ſe trouuoit ſur la mer eſbranlee de la tẽpeſte, touts les Daulphins qui ſeroient la au tour, viẽdroient faire perir leur nauire, pour ſe vẽger de celluy qui auroit commis vn tel crime. Par cela ils craignent de leur faire mal, de paour que cela ne leur aduienne. Car comme ils voyent les Daulphins accompaigner les nauires en la mer, principalement quãd il faict grande fortune, tout ainſi le bruit eſt qu'ils donneroient ayde a vn chaſcun a ſe ſauuer. Ce ſont les raiſons pourquoy pluſieurs nations ne veullent point faire d'oultrage aus Daulphins, & par conſequent ſ'abſtiennent de les manger.

*Que grande partie des hommes de la religion Latine, au contraire des Grecs, Turcs, & Iuifs, ſont plus friãts de la chair du Daulphĩ que de nul autre poiſſon.* *Chapitre* IX.

MAis ceuls qui ſont de la religion Latine, moins ſcrupuleus que les ſuſdicts, tant de ceuls qui habitent au riuage de l'Ocean, que de bonne partie des autres qui ſont en la mer Mediterranee, ne ſont point couſtumiers de faire telles difficultez: ains comme i'ay deſia dict, ils l'appetent plus que nul qui ſoit entre touts les autres poiſſons. Et par cela il n'en y a point d'autre qui vienne a ſi hault pris par les poiſſonneries. Car en quelque temps de l'annee qu'il ſoit apporté au marché, il ha touſiours ſa valeur en hault pris: car on n'a point faict diſtinction du tẽps en quoy il eſt en ſaiſon. Et ce qui a faict qu'il ait retenu ſa dignité eſtant cogneu, a eſté le hault pris en quoy l'ont mis les grands ſeigneurs qui ſe le font reſeruer, par ce poinct la. Si eſſe que eſtant ſi commun comme il eſt, & n'eſtant pas cogneu pour Daulphin, i'ay eu dueil de le veoir reueſtu d'vn nom ſi barbare. Et maintenant que i'ay propoſé luy rendre ſon nom ancien, ſachant bien que c'eſt haulte entrepriſe, que de vouloir deſtruire vn nom ia long tẽps vſurpé, a fin de ne troubler l'eſperit de ceuls, qui pour le commencement pourront trouuer que cela ſoit trop dur, i'ay cherché les moyens pour le rendre plus facile a leur digeſtion. Mais auant que ie procede plus auant a ſon hiſtoire, il m'a ſemblé n'en dire

d'auantad'auantage, que ie n'aye premierement exposé d'ouvict la cause qu'il ait mué ce nom de Daulphin, & qu'on l'ait surnommé d'vn autre. Car quand au Daulphin, il reste tousiours en son entier, & encore qu'on n'ait continué a le nommer Daulphin, & qu'il ait emprunté le nom d'vn autre, qu'on luy a baillé indecemment, toutesfois i'espere en dire la raison presentement.

*La cause pourquoy le Daulphin a pris vn nom barbare en France.* *Chapitre* X.

C'Est que quand les pescheurs de nostre natiõ ont pris vn Daulphin en leurs riuages en plaine mer, ignorants son nom Frãcois, & ne le sachants exprimer par le nom ancien, ils luy en ont baillé vn barbare, qu'ils auoient apprins des estrangiers. Et les estrangers luy inuenterent vn nom comme ie diray. Car estant libre a toutes natiõs d'imposer les nõs aux choses qui leur estoiẽt vulgaires, quand elles n'en auoient point: ils les cherchoyent le mieuls a propos qu'ils pouuoient inuenter, correspondants a la chose nommee: comme il est aduenu a ce Daulphin. Car mesmement quand ils ont veu ce poisson dont ils auoient l'vsage, estãt haché en pieces, estre sẽblable a la chair d'vn porceau, ils luy ont voulu bailler vne diction correspondante a cela, a fin qu'il tint le nom de la chose a laquelle il ressembloit, luy baillant son etymologie de la mer & du porceau. Ce furent premierement les hommes qui tiẽnent le langage du bas Alleman, & n'y a point de faulte qu'ils n'ayent eu ceste appellation auant les Francois, comme ie puis bien prouuer par le nom qu'il retient pour le iourd'huy: & comme ainsi soit qu'il ne soit pas Francois, aussi est il emprunté du bas Allemã. Car d'vne voix commune nous le nommons du Marsouin. Mais Marsouin est-ce langage Francois? Veritablement ie croy qu'il n'y a celluy qui ne sache bien que non. Et pource que peu de gents scauent qu'il soit Alleman, & qu'il signifie porceau de mer, ie l'ay voulu exposer ainsi, c'est que mer ou meer en leur lãguage, signifie en Francois la mer: & cheuein ou sauin signifie vn porceau: tellement que quand lon cõioinct ces deus dictions ensemble, on prononce mer souin: mais les Francois dient mar souin, qui est a dire porceau de mer.

*Que les Bretons Bretonnants nommants le Daulphin, aient ensuiuy vne mesme etymologie.* *Chapitre* XI.

Les

LES Bretons aussi, n'en exceptant non plus ceuls de L'armor que les autres de L'arguet, ne ceuls qui sont Bretons Bretonnants, non plus que ceuls qui sont surnommez Bretons Gallots, touts en leur language, & d'vne voix commune l'appellent du Morhouch, & mesmement ils ont enuoyé ce nom la iusques en quelques endroicts ou lon parle Francois, tellement que le Marsouin perd son nom, & se change en Morhouch des la ville d'Angiers, de Nantes, & autres villes voisines des Bretons, ou lon parle Francois: & le nomment du Morho, qui est nom signifiant ce que i'ay dict en Alleman, correspondant en Francois au porceau de mer. Car mor en Breton, est a dire mer: houch est a dire porceau, en sorte que ceste diction Morho signifie autant que Porceau de mer.

### *Que le Daulphin soit appellé en Angleterre de la mesme signification susdicte en language Anglois.* Chap. XII.

LES Anglois ont suyui ceste mesme etymologie, le nommãts en leur vulgaire Porc pisch: ainsi que l'auons ouy nommer estants en la ville de Londres. Et traduict de mot a mot, au recit de plusieurs scauants medecins Anglois, & entre autres de monsieur Io. Watson, qui singulierement entre les autres est diligent a la contemplation de telles choses, signifie la mesme chose que i'ay dicte des autres nations.

### *Que quelque fauls nom que le Daulphin tienne es autres nations, toutesfois elles le nomment en leur language, mais les Francois le nõment en Flament* Chap. XIII.

LES Frãcois me semblent l'auoir nõmé le plus mal que touts. Car combien que ceste voix, Porceau de mer, ainsi prononcee en nostre langue, & en Latin Porcus marinus, conuiẽne a vn autre poisson qu'au Dauiphin, comme ie diray cy apres: toutesfois il est plus tolerable aus autres nations qui le nomment en leur lãguaige vulgaire, que aus Francois le nommant de nom estrãgier.

Les Anglois le nomment en leur language, & les Bretons aussi: mais les Francois le nomment d'vn nom emprunté du langage de Flament ou bas Alleman.

*Que les Latins mesmes ont plus de mil ans vsé de ce nom en leurs escripts, suyuant le vulgaire, pour exprimer le Marsouin.*

*Chap.* XIIII.

QVI vouldroit tourner ce nõ de Marsouin,& le rendre Latin, on l'appelleroit *Marsio quasi maris sus*. Ou si nous le prononciõs Mursouin,ou Marsoui on l'appelleroit Mursyo,ou Morsyo.Car mesmement on lict diuersement toutes ces deus dictions en Pline, qui au neufiesme chapitre du neufiesme liure,a descrit vn poisson qu'il nomme Tursio en ceste maniere. *Delphinorum similitudinem habent, qui vocantur Tursyones*. Les autres exemplaires ont Torsyones.Et qui auroit changé le T, a vne M, l'on prononceroit Mursyones, ou Morsyones, qui seroit a dire Mursoins,ou Morsouins. Or ce que les Latins ont appellé Tursyo, ou Torsyo,ie prouueray bien que les Grecs l'ayent nõmé Phocæna. Laquelle chose Theodorus Gaza n'a pas ignoré,lequel tournant Aristote de Grec en Latin,a receu ceste dictiõ Tirsyo,pour la Greque Phocæna,suyuant l'authorité de Pline.Car tout ce que Pline a escript *de Tursyone*, Aristote l'auoit dict *de Phocæna*. Nous parlerons de ce *Phocæna* ou Marsouin plus amplement en son propre chapitre. Parquoy ie retourneray a mon Daulphin.

*Que la voix de Daulphin, reste en la memoire des hommes, mais qu'il ne soit point de poisson qu'on cognoisse pour Daulphin.*

*Chap.* XV.

ET combien que le Daulphin est indiscrettement nõmé Marsouin,& bec d'Oye: ie ne di pas qu'il n'y ait vne voix de Daulphin,qui reste imprimee en la memoire des hommes,de laquelle touts se souuiennent, & le scauent nommer & cognoistre en peincture & es armoiries,& es monnoyes tant d'or que d'argent, ou ou il est faulsement representé. Si est ce pourtant, que qui deman deroit a touts les pescheurs qui sont en la grande mer occidentale se ils cognoissent quelque poisson nommé Daulphin, touts asseureroient que non. Si est il toutesfois besoing qu'il soit vn poisson tenãt le nõ de Daulphin. Et s'il y en est quelqu'vn, il fault par cõsequent qu'il soit cogneu, & que soit celuy que i'ay dict, ou biẽ vn autre. Et a fin de esplucher ceste proposition par le menu, & de la prouuer par euidente demonstration, i'ay voulu proposer quelque contradiction.

*A scauoir s'il est point d'autre poisson a qui le nom de Daulphin cõuint mieuls qu'au Marsouin, surnommé vne Oye.* Chap. XVI.

VOulant prouuer par demonstration que le susdict Marsouin nommé vne Oye, soit le vray Daulphin, supposant premierement vne cõtradictiõ par moymesmes, en apres i'auray deux choses a considerer. C'est a scauoir ou qu'il fault que ie me mette en effort & debuoir de prouuer que c'est celuy que ie di: ou biẽ chercher s'il s'en trouuera point d'autre que cestuy ci qui puisse obtenir le nom du Daulphin. La contradiction par moy supposee est telle. Ie pose le cas qu'on ne me veuille conceder, que ce soit luy, mais totalemẽt cõtredire a tout ce que i'en ay dict: scauoir est qu'on nie que le Marsouin qui est nommé Bec d'Oye, puisse estre celuy que les anciens ont entendu pour Daulphin, & que mon Oye ou Marsouin ne conuienne non plus auec les peinctures qu'on a anciennement faictes des Daulphins, qu'auec celles qui nous sont represẽtees par les modernes: & semblablemẽt qu'il ne cõuienne en rien auec la descriptiõ des anciens. A quoy ie respondray pertinemment.

*A scauoir s'il est point prins de Daulphin en la grande mer Oceane.* Chap. XVII.

AVant que respondre a ce que i'ay susdict, ie demanderay premierement s'il y a tesmoignage de quelque autheur, que la grand mer Oceane ne nourrisse des Daulphins. L'on me respondra ouy,ou non.Et si l'on dict que ouy,aussi fauldra il par consequent confesser qu'on en puisse bien pescher quelquesfois, tout ainsi qu'on faict des autres grands poissons qui y sont, veu mesmement qu'on y pesche de grandes Balaines, de grands Chauldrons,de grãdes Ondres. Si lon me dict qu'on n'y en pesche poĩt aussi fault il dire qu'il ny en ait point.Car il est manifeste que toutes sortes de grands poissons y sont prinses & peschees. Et si l'on y en prend,qu'on me face dire par quelquonques qu'on vouldra choisir des mariniers & pescheurs qui hantent la mer, ou par ceuls qui vendent les poissons es grosses villes, tant des riuages, que de terre ferme,de quelle forme est celluy qu'ilsveulent entendre que ce soit le Daulphin Desia ne peult on raisonnablement nier quil n y ait vn poisson naissant en la grand mer,qui s'apppel le Daulphin. Voila quant a l vn des susdicts poincts. Mais si l on ne trouue personne de ceuls que i'ay susdict, qui ait souuenance d'auoir iamais veu vn poisson qui s'appellast du nõ deDaulphin, & que i'entreprenne de le trouuer,alors ce sera a moy d'en chercher vn,lequel ie trouueray bien tost. Mais si onvouloit dire qu'il n y en eust point,il me semble qu'on ne feroit pas peu de tort a nostre grande mer Oceane nourrice de toutes les especes de poissons,l estimant tant sterile & infertile qu'elle ne produise point de Daulphin,lequel on estime le Roy des poissons. Ie croy toutesfois qu'il n'est homme qui vueille nier qu'elle n'en produise. Et si elle en produict,aussi nous le fault il cognoistre. Mais cõme i'ay dict,ayant changé leur nom ancien, touts les nomment Bec de Oyes,ou Marsouins, comme i'espere bien prouuer par ci apres. Voyla que i'auoye a respondre a ce que i'ay dict par ci deuant.

Ie ne me arresteray maintenant gueres sur la premiere question ce sera quand i'en bailleray la peincture. Car comme il soit manifeste que noz Marsouins qui sont surnommez Becs d'Oyes,conuiennent en toutes sortes auec les notes qui furent iadis escriptes du Daulphin,laquelle chose ie pretens prouuer en les descriuant, & conferant leur description tant de l'exterieure que de l'interieure partie:ie passeray oultre, laissant a conferer ce qui a esté escript par les anciens,iusques a la description du Daulphin, que ie remets aux chapitres a ce propres.

Que

## *Que les peinctres peuuent dõner telle curuité que leur plaist aus Daulphins, sans leur faire rien perdre de la naifue figure du naturel.* Chap. XVIII.

QVant est a ce que l'Oye, ou marsouin, ne conuienne auec les peinctures qui ont esté faictes anciennement des Daulphĩs, qu'on a graué es monnoyes antiques: Auant que proceder plus oultre a toucher ce poinct ici, il me fault presupposer qu'on cognoisse bien le poisson dont ie vueil parler, scauoir est le Marsouin qu'on a surnommé Oye: & aussi qu'on sache bien quels sont les portraicts des Daulphins qui sont retirez sur les medalles, & statues, antiques, esquelles les Daulphins sont representez: car les vns y sont courbez, & voultez en arc, & les autres y sont touts droicts: desquels i'ay faict retirer les portraicts, tant des vns que des autres, a fin de monstrer que cela ne prouient sinon de l'industrie du peinctre, qui le peult diuersifier selõ que bon luy semble, ou qu'il plaist a celui qui les faict retirer: cõme lõ peult veoir par ceste presẽte figure retiree d'vne ãtique peĩcture d'vne statue cõtrefaicte aupres du naturel, laquelle toute courbee qu'elle estoit, n'auoit rien perdu de la symmetrie de la vraie proportion qui est requise a la grosseur & longueur du Daulphin.

*Vray Portraict d'vn Daulphin courbé, retiré de l'antique.*

## *Que les Daulphins ne ſoient voutez ne courbez nõ plus en la mer que ſur terre. Cha. XIX.*

I'Ay biẽ voulu toucher vn poinct de la courbure des Daulphins: Car quant a eulx, ils ne ſont pas courbez, comme on les met en peicture, & n'eſt auſſi trouué que Ariſtote ne autre autheur anciẽ digne d'eſtre creu, qui ait onc eſcript que les Daulphis ſoyẽt voutez. Et cõbien que Pline & Ouide ont dict *dorſo repãdo*, ce n'eſt pas a dire que tout le corpz ſoit vouté, car il n'y ha que le dos. L'erreur vient dont ie diray: C'eſt qu'on les apperçoit ſouuent ſaulter en l'air & qu'en ſaultãt leur ſault n'eſt pas de ſ'eſlancer en l'air droict contremont, ne auſſi de retumber droict d'ou ils ſont ſortis, comme font les Pelamides, & les Tons: mais c'eſt que quand ils viennent hors de la mer, pouſſez de grande roideur, en ſe dardant impetueuſement, ils ſortent la teſte la premiere: & quand ils retumbent, ils vont moult loing de l'endroict dõt ils ſont iſſus, tellemẽt qu'ils retũbent ſi droicts ſur le bout de la teſte, que leurs queues demeurẽt quelque temps hors l'eaue. Et pource qu'on a veu, que leur ſault ha faict la perſpectiue d'vn demy cercle, lõ a cuidé que celle rõdeur prouint de la forme de leur corps: mais cela eſt fauls. Et qu'il ne ſoit vray, ſoit pris vn baſton pour exemple, & qu'vn homme le iecte de la poincte du pied en l'air, & qu'il vienne tomber ſur l'autre bout: ceulx qui ſerõt loing, l'auront veu prẽdre vn tel tour de demy cercle, qu'il aura ſemblé que le baſton meſme ait eſté courbé. Et ſi les Daulphins eſtoiẽt courbez en la mer, auſſi le ſeroient ils en terre quand ils y ſont apportez. Ceci ſoit dict touchant de ſa curuité. Les peinctres les peuuent bien peindre courbez, & leur peuuent faire retenir leur nayfue figure: mais toutesfois qui veult parler du naturel, il n'eſt nullemẽt courbé: choſe que ie pourray prouuer par moult grand nombre de Daulphins portraicts en pluſieurs medalles fort antiques, tant en or, argent, qu'en cuyure: qu'il a pleu a monſieur le treſorier Grollier me mõſtrer, eſquelles ſont repreſentez les Daulphins, dont la plus grãde partie ſont touts droicts, comme nature les ha produicts.

*Que les Daulphins repreſentez es medalles antiques, conuiennent de poinct en poinct auec le portraict du Marſouin ſurnommé Bec d'Oye.* Chap. XX.

EN allegant les medalles ou i'ay veu les Daulphins portraicts, ie ne pretens point enſeigner, ne rendre la raiſon pourquoy lõ y ait graué ou peinct les Daulphins: comme quãd i'allegue pour teſmoignage celles de monſieur le treſorier Grollier, hõme ſingulierement diligent a chercher les choſes antiques, & de plus grã de bonté de nature a les communiquer: mais pour mettre deuãt les yeuls la naifue figure du Daulphin, qui en touts poincts conuient auec le portraict que i'ay faict retirer quand i'ay repreſenté les Marſouins ſurnommez Becs d'Oyes. Parquoy ſ'ils conuiẽnent enſemble, nous aurons raiſon de conclure que ſoit vne meſme choſe. Car baillant la figure de l'Oye, il n'y a celluy qui ne la puiſſe conferer auec le naturel apporté de la mer: & ou il ne ſeroit trouué eſtre ſon vray portraict, il y auroit occaſion de me reprendre. Lequel portraict de l'Oye puis mis en cõparaiſon auec ceuls qui ſont retirez de l'antique, monſtrent a l'œil qu'ils aient eſtez retirez touts deux d'vn meſme patron.

*Que les Anciens autheurs, approuuent que les Daulphins aient eſté grauez es monnoies antiques.* Chap. XXI.

MAis quant a celles des medalles, ie croy qu'il n'y a celuy qui ne les vueille bien approuuer pour peinctures de Daulphins. Car qui le vouldroit nier, il ſeroit facile de le prouuer par l'authorité de Ariſtote & des autres anciens autheurs: veu meſmement que les Tarẽtins long temps auant la grandeur des Romains auoyent deſia faict grauer les Daulphins en leurs monnoyes, en memoire de Taras fils de Neptune, lequel on feinct auoir eſté mué par les autres dieux en vn Daulphin. De la vient que Taras fils de Neptune ſoit portraict ſur vn Daulphin, en la maniere de ceuls qui ſont a cheual, tenants le Daulphin bridé, le cõduiſãt la ou il veult. Voila quant aus Daulphins portraicts es mõnoyes des Tarentins. Semblablement le Roy Aſis auoit vn Daulphin graué en ſes monnoyes, lequel portoit vn petit garſon deſſus ſon dos. Auſſi eſt il aſſez approuué que Tite Veſpaſiã auoit en ſes deuiſes

uiſes & medalles le Daulphin entortillé autour de l'Ancre, ſignifiant ce que diſoit le prouerbe ancien d'Auguſte Cæſar, *Feſtina lentè*. Car cõme il n'eſt oyſeau en l'air, ne vire d'arbaleſte qui ſoit plus impetueuſe, ne qui puiſſe aller plus viſte que le Daulphin, & qu'il n'eſt choſe plus tarde & qui retienne mieuls que faict l'Ancre, tout ainſi ces deux Ancre & Daulphin aſſemblez enſemble eſtant de nature contraire, ſignifient quelq s temperance. Voila quant aux Daulphins qui on eſté portraicts es medalles de Tite Veſpaſien, leſquelles nous auons veu ou i'ay dict. Nous auõs auſſi bien veu les medalles de Claudius Cæſar auec Neptune tenant vn Trident, aſſis deſſus vn poiſſon, qui ha biẽ la ſemblance d'vn Daulphin mais ie croy que n'eſt cellui que les autheurs nõmerẽt Orca, duquel ie bailleray la peincture par ci apres. Pline parlãt de ce poiſſon, racõpte entierement toute l'hiſtoire faicte par Claudius Cæſar, lequel eſtant au port de Oſtia, qu'il faiſoit rediffier, en print vne, dont il feit ſpectacle au peuple Romain. & croy que il l'ait faict retirer en ſes medalles, & que ce ſoit elle qu'on y voit portraicte, & non pas vn Daulphin: i'en parleray plus amplemẽt a la fin de ce liure en deſcriuant le poiſſon nommé Orca. D'auantage nous auons veu le portraict des Daulphins qui ſont es mõnoyes d'Auguſte, & Ruffus, Tybere & Domitien & Vittellius, qui ſont toutes Latines. Mais encore oultre les Latines mon dit ſieur en a des Greques, qui me ſemblent beaucoup mieuls obſeruees que les Latines: & celles qui ſont les plus antiques, ſõt les mieuls elabourees, deſquelles ſont retirez ces preſents portraicts.

*Vray portraict du Daulphin retiré d'vne antique medalle de monſieur le Treſorier Grollier.*

Les

Les Daulphins sont naifuement representez en ceste figure aussi est elle d'vne tresantique medalle, laquelle mondict sieur estime estre Greque. Il n'y a poinct d'escripture autour, aussi elle ne est pas en forme plane en la superficie du côtour, comme les autres medalles, mais est rôde par les bords, & ha deux petites oreilles. C'est ce que i'auoye a dire touchât les effigies des Daulphins que nous auons veus grauez sur diuerses especes de monnoyes antiques, toutes lesquelles conuiennent auec les peinctures de nostre Bec d'Oye.

## *Que quelques vns aient eu opinion que l'Esturgeon fust le Daulphin: mais qu'il soit tout le côtraire.* Chap. XXII.

IE voy que plusieurs de ceuls qui sont admirateurs des choses naturelles, & qui ont grand plaisir en regardant de plus pres aus choses memorables, se complaignants quasi en euls mesmes, de ne veoir aucun poisson en France obtenir le nom du Daulphin, de ne pouuants iuger lequel ce pourroit estre, se sont efforcez selon l'imagination qu'ils en auoient conceue, de maintenir q'uil n'y eust point d'autre qu'on cogneust, a qui le nom de Daulphin peust mieuls conuenir qu'a l'Esturgeon, & ainsi s'estâts totalemët persuadez que l'Esturgeõ debuoit estre appellé Daulphin, l'ôt affermé estre vray. Quât a ce point, leur opiniõ est aisee a côfuter: & pour ce faire ne vueil qu'vne merque: c'est que nul poisson peult estre appellé Daulphî, s'il n'a la queue en maniere de lune en croissant: parquoy si l'Esturgeon estoit le Daulphin, aussi fauldroit il qu'il eust la queue en lune. C'est vne merque que touts ceuls qui ont escript du Daulphin, ont mis en memoire, desquels il me suffit en prendre pour exemple en tesmoignage vn seul Ouide, lequel parlant des nautôniers Tyrrheniens, lesquels il feinct estre transmuez en Daulphins, dict

*— Falcata nouissima cauda est,*
*Qualia dimidiæ sinuantur cornua lunæ.*

Or l'Esturgeon n'ha pas la queue en lune, aussi n'est ce pas a luy a qui le Daulphin conuient. Ie ne vueil pas parler de l'Esturgeon plus amplement, sinon que pour monstrer que nous n'ayons pas ignoré quel il est, & aussi pour mõstrer qu'en auõs la peicture. Et l'ay voulu faire mettre ici,a fin que ceuls qui estoient en ceste opinion,la changent auec vne meilleure.Ce que ie nomme Esturgeon,a Bordeaux est nommé du Creac. Et combien que l'Esturgeon croisse en longueur excessiue, comme estoit cellui qui fut apporté au Roy Francois a Montargis,lequel estoit long de dixhuict pieds,ce neantmoins il n'estoit pas Daulphin pour cela.

*La vraie peincture de l'Esturgeon.*

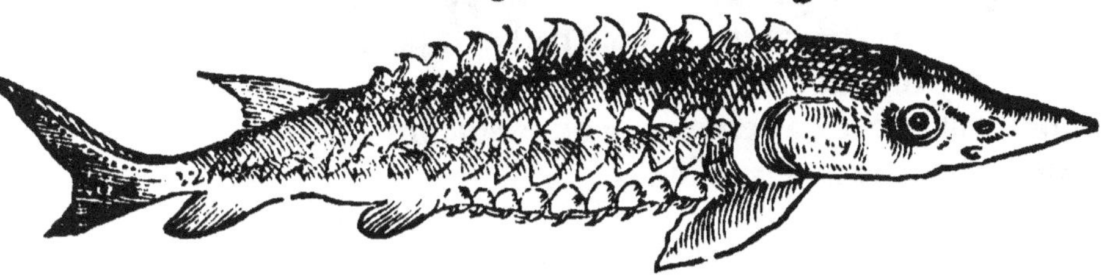

## *Que plusieurs aient estimé que l'Adano,qui est moult grand poisson,nourri au Pau estoit le Daulphin, & qu'il soit tout le contraire.* Chap. XXIII.

IL n'y a celuy qui ait leu l'histoire du Daulphin qui ne sache biẽ qu'il ait le nez fort long.Et pource que lon trouue vn poisson nommé *Adano* en la riuiere du Pau de moult grande corpulẽce, beaucoup plus grand que l'Esturgeon,& qui est du genre de l'Esturgeon, plusieurs ignorants son nom ancien, ont eu opinion que c'estoit le Daulphin: mais il s'appelle *Attilus* Et a fin que quelque autre ne pensast que ce fust vn Daulphin, i'en ay aussi voulu bailler la peincture auec son vray nom. Ie n'en bailleray pas la description en ce lieu, d'autant qu'il ne se peult referer en rien qui soit des especes du Daulphin.Et n'ay baillé la peincture sinon pour tesmoignage contre les faulses opinions qu'on auoit du Dauphin.

*La portraicture du susdict poisson de desmesuree grãdeur, nourri en la riuiere du Pau, nommé Attilus.*

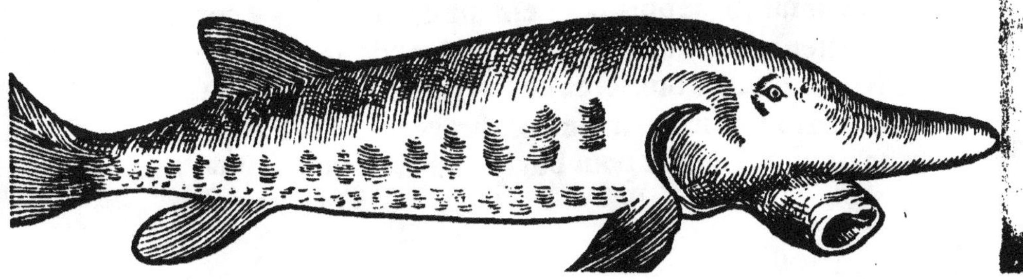

## *Que le Ton, encor qu'il soit de grande corpulence, & qu'il ait la queue en Lune, il est toutesfois different au Daulphin.* Chap. XXIIII.

SEmblablement le Ton estant moult grãd poisson, aiant quelque sẽblance auec le Daulphin, ha dõné occasiõ a plusieurs qui ne le cognoissoyent pas, de le souspsonner pour Daulphin. Mais a fin d'en oster l'erreur, i'en ay voulu bailler la peincture, & au demeurant n'y mettant rien de sa description, car ie ne pretẽs mettre chose par escrit en ce liure, qui ne conuienne a l'exterieure, & interieure histoire du Daulphin.

*La peincture du Ton.*

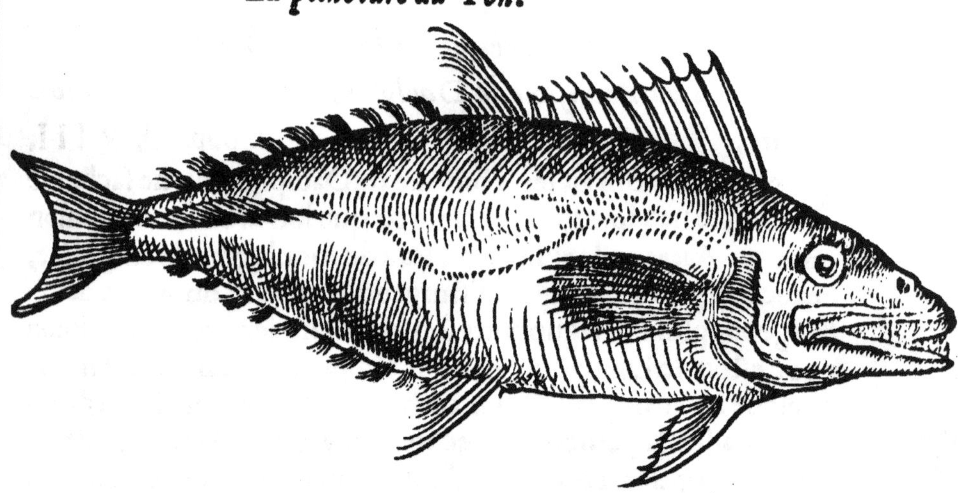

## *Que le nom de Marsouin conuienne a plusieurs poissons, selon la commune appellation vulgaire, & la raison pour quoy le Daulphin se nomme vne Oye.* Chap. XXV.

AYant proposé de n'oublier rien de ce qui appartient a l'histoire du Daulphin, ie ne puis bonnement ce faire sans y comprendre maintenant les autres poisson qui sont de mesme espece, lesquels doibuẽt estre nombrez en son genre. Car l'appellatiõ du nom de Marsouin est generalle a plusieurs poissons. Parquoy ayant mon principal poinct pour but qui est de bailler la vraye

 peinctu-

peincture du Daulphin comme nature l'a produict, sans luy adiouster note ou merque qui soit artificielle, ou diminuer, & a fin de prouuer que celuy qui entre les especes des Marsouins est nómé vne Oye, soit le Daulphin, il fauldra premierement entédre, que nous auons deux poissons assez communs, & qui sont quasi apportez touts les vendredis aux marchez des poissonneries des grosses villes, & principalement de Paris, ressemblants l'vn a l'autre, indifferémment nommez Marsouins. Mais entre euls il y en a l'vn qui particulieremét est nóméBec d'Oye, ouOye: lequel n'est pas du tout si cómun qu'est l'autre espece: qui pour auoir le nez plus lóg, ha trouué distinctió d'auec l'autreMarsoui. Et cóme les Geneuois ont nómé le Singe de mer *Pesce pada*, pource qu'ils luy veoiét sa queue faicte a la maniere d'vne espee platte: semblablemét & par argumét pareil le Daulphin'aiát le nez lóg, ha prins le nom d'vne Oye. Et le poissó nómé *Xiphius* qui ha le nez lóg cóme vne espee d'armes, dont il ha gaigné son appellation Greque & Latine, séblablement ha esté nómé a Marseille & a Genes le poisson Empereur. Ie di a Genes estre nommé Empereur, a la differéce des susdicts Singes de mer, qui ontvne queue moult lógue cóme vne longue espee platte, par cela ils l'appellent *Pescespada*, & en Frácois poisson a l'espee. Mais le *Xiphius*, auquel les Francois ont veu porter le nez si long, a esté par euls nommé Heron de mer. Aussi pour ce qu'il y ha vne des especes du susdict Marsouin, qui ha le nez long a la façon d'vne Oye, séblablement ils l'ont nómé vneOye. Voila que i'auois a dire de la susdicte Oye & de ce qui ha meu les Frácois a luy auoir baillé ce nó. C'est vne note infallible: pour scauoir bié distiguer l'vn d'auec l'autre. & de laquelle Aristote au iiij^e^. des parties ha faict mention. Car il ha dict en cest endroict la que le Daulphin ha le bec lóg & ród, *Quú rostrú Delphinorú* (dit il) *structura tereti ac tenui sit, facilè scidi in oris habitú nó potest*. Voila quát a la premiere espece des Marsouis & la principale de toutes les autres, car c'est celuy qui est le vray Daulphin. L'autre espece de Marsouin, dict en Grec *Phocæna*, en Latin *Torsyo*, & duquel la cognoissance est plus vulgaire, & qui tient le vray nom de Marsouin est semblablemét appellé marsouin comme l'autre dessus dict, n'aiant en toutes sortes autre surnom Francois. Encor y a vne

vne autre tierce espece de Marsouin,dont i'ay semblablemēt retiré la peincture,qui est vn poisson que ie n'ay pas veu souuent trouue en commun vsage.Et pource que i'en bailleray la description ailleurs ensemble auec la peincture, i'ay remis toutes choses a les specifier en leur chapitre.Ceste espece est seulement differente en grandeur aus deux premieres, & en quelques autres particulieres merques & pource que ie diray toutes les differēces des trois en leurs particuliers chapitre ie cesseray d'en parler presentement car il fault que ie baille premierement leurs distinctions par noms propres.

## *La distinction de leur nom, & que l'Oye soit le Daulphin & que le Marsouin soit de son genre. Chap. XXVI.*

PVis donc qu'il est ainsi,que les Daulphins & les Phocenes sōt communeement nommez Marsouins, & qu'il n'est aucun poisson que nous cognoissons pour Daulphin que les susdicts, & qu'il n'y en a aucun de touts les autres qui iustement puisse tenir le nom de Daulphin que le Bec d Oye, il m'a semblé bon apres que i'en ay baillé des portraicts retirez de l'antique, pour conferer auec l Oye,en bailler consequemment la peincture, n'en faisant autre discours que cellui que i'ay peu obseruer, sans faire amas des escripts de l'autruy,sinon en tant que ie m'en seruiray a quelque propos qui puisse estre seāt a la distinction des susdictes especes.Car nommant le Daulphin,il fauldra entēdre de l'Oye. I'ay mieuls aimé retenir la diction du Daulphin tant ancienne, que le nommer du nom de Bec d'Oye. Et a fin que le nom du Marsouin ne soit confus, ie l escriray,pour exprimer le poisson que i'ay dict estre nommé en Latin *Mirsyo*,ou *Tirsyo*,& *Phocæna* en Grec & ainsi par ce poinct on n'engendrera point de confusion aus especes.

## *Qu'il ne soit moderne de veoir l'engrauerie des Daulphins sur les monnoies. Chap. XXVII.*

APres que i'ay suffisamment parlé des Daulphins qui sont portraicts es monnoyes antiques,i'ay voulu consequēment parler de ceuls qu'on voit graués es monnoies modernes, desquels il est tout manifeste que la peincture en est faulse. Dôcques ce n'est pas chose moderne de veoir les Daulphins retirez en peincture & en armoyries, enseignes, ou sculptures des monnoies, & autres engraueures, en toutes especes de metauls. Car des le temps des plus anciens Troyens, Telemachus qui fut fils d'Vlysses (ainsi que Guido de Colona a escript en l'histoire de Troie) portoit vn Daulphin peinct en son escu, en l'hôneur de celui qui l'auoit saué du peril de la mer. Et côme i'ay dict de Taras qui fut lôg tëps auant la puissance des Romains, les Tarentins l'auoyent retiré en leurs armoiries & monnoyes. Atheneus autheur Grec & Valturnus *de rebus Britonum* escriuent que Cæsar donna vn Daulphin au seigneur du Daulphiné pour ses armes, en remuneration de ce qu'il luy auoit aydé en ses guerres côtre les Gaulois, ie n'en diray autre raison sinon que Cæsar n'ignorant pas la nature du Daulphin, ne aussi le cœur dudict seigneur, le trouua digne qu'il portast vn Daulphî pour armes Et tout ainsi que le Daulphin ha dôné nom a la region qui est maintenant nommée le Daulphiné, pareillement le Daulphiné ha donné nom au fils aisné de France. Et en luy donnant ce nom, aussi elle luy ha baillé vn Daulphin pour armoyries, desquelles armoyries ie ne pretens aucunement parler, sinon d'autant que le Daulphin tient le premier lieu es armes en icelle & aussi que monsieur maistre Iean le Feron, n'a rien obmis touchant ceci, qu'il ne l'ait amplement escript en ses liures d'armoyries.

## *Que les peinctures modernes des Daulphins, ne tiennent rien du naturel ains representent vn monstre de mer.* Chap. XXVIII.

SI les Princes modernes faisâts engrauer les Daulphins en leurs monnoyes, ou bien peindre en leus armoyries, eussent eu aussi grand soing de laisser memoire d'euls a la posterité, comme eurent ceuls que i'ay ici dessus nommez, ils eussent ensuyui de plus pres la vraie peincture du Daulphin, & l'eussent faict representer au naturel dont il est moult esloigné. Car au lieu de le representer on a mis vn monstre en peincture, qui ne fut iamais veu, auquel on faict porter des escailles, & plusieurs arestes crenelees par dessus

ſus le doz,& aux deux coſtez des ouyes,& pluſieurs barbes pendãtes par deſſoubs la gorge,cochees a la façon d'vne creſte de Coq: choſes totalement faulses & eſtranges a ce poiſſon,& qui me ſẽblent eſtre moins ſeantes,qu'il ne ſeroit conuenable a la dignité du Prince,veu meſmement qu'on en euſt bien facilement peu recouurer la peincture.Car(comme i'ay deſia dict) il n'y ha habitant au riuage de la mer Adriatique ou Mediterranee, qui encore pour le iourd'huy ne retienne l'antique appellation de Daulphin.Ie ſcay bien dont vient la faulte.C'eſt qu'il eſt aduenu en ſa peincture tout ainſi comme a ceuls qui faiſoyent peindre les Aigles de l'Empire.Car comme les peinctres ſont curieuls de monſtrer leur artifice,& de faire mieuls apparoir les traicts de la peincture,auſſi ont ils adiouſté quelques ornements a ceſt Aigle pour la faire mieuls complaire a la veue,attendu meſmement que les peinctres ſ'eſtudient de bien remplir le champ de couleurs. Laquelle choſe a eſté de ſi long temps continuee,que cela eſt non ſeulement es peinctures des Aigles en forme plane,mais auſſi es graueures,tant ſur bois,marbres,que metail.Et tellemẽt leur ont deſguiſé les teſtes,& faict diuerſemẽt retourner les plumes,qu'elles ne retiennent quaſi plus rien de l'Aigle.

## *Quelle raiſon ont eu les peinctres de deſguiſer le Daulphin, & luy faire perdre ſa forme. Chap. XXIX.*

DE ſemblable occaſion a eſté deſguiſé le Daulphin cõme l'Aigle,lequel combiẽ que nature l'auoit fabriqué,ſans luy auoir donné beaucoup d'ornements de beaulté,l'ayant ſeulement composé tout d'vne venue comme vne cheuille, couuert d'vne peau polie reſemblant quelque cuir,ſans eſcailles,n'aiãt point d'autres belles couleurs qu'on voit en pluſieurs autres poiſſons, & n'aiant rien que du noir &du blanc.Ce neantmoins les peinctres de leur authorité luy ont adiouſté quelque choſe de leur artifice,le retirants en portraicture, eſtimants que ſ'ils ſuyuoient le naturel, la peincture en ſeroit mal plaiſante a la veue. C'eſt la raiſon pourquoy ils luy ont changé ſa figure,tellement qu'il ne retient note quelconque qui ſe puiſſe attribuer au naturel,& n'ha merque ſur ſoy en quelque ſorte que ce ſoit, qui ne ſoit faulſe: ou bien il le

fault

fault prendre pour vn monstre contrefaict a plaisir, qui n'est en estre, & qui ne fut iamais veu d'aucun. Estant donc si aduancé en ces monstres, ie vueil monstrer que toutes manieres de gents ont indifferēment permis qu'on leur ait portraict des monstres, qui iamais ne furent, ne sont, ne ne seront.

*Qu'on ait grandement abusé en peignant les poissons sur les cartes, & que l'ignorance des hommes soit cause que plusieurs mōstres de mer aient esté faulsement portraicts sās aucun iugement.* Chap. XXX.

L'Euident erreur de plusieurs hommes ignorants l'artifice de nature ne me permet passer oultre sās m'esmouuoir, & les toucher de leur temerité. N'est ce pas vne faulte digne de reprehension, de les veoir mettre tant de monstres marins en peincture, sans auoir discretion? Inconstants espris, que ne considerent ils qu'il y a perfection en nature? Voulants donc peindre & representer les choses naturelles, ne pouez mieuls faire que suyure le naturel. Et si ils ignorent la chose, pourquoy la feignent ils? Qui est cause de si grand erreur, sinon leur folie? Qu'on voie les peinctures es cartes marines, combien leurs monstres sont esloignez du naturel. O quels estranges poissons marins? Qui est celuy qui ne sache bien que les noms des animauls terrestres eurent anciennement leur appellation tant en Grece que ailleurs auant les marís. Par cela la plus grande partie des poissons marins prindrent le nom des animauls terrestres. Et fault ainsi entendre que les marins eurent le nom des terrestres, mais que ce fut par quelque accidēt. Qui est celui qui ne cognoisse bien le Lieure terrestre? quelle similitude ha il auec le marin? Nous l'auons veu & manié tant en la mer, que dehors, mais il n'a aucune semblāce auec le terrestre. Semblablement le Regnard de mer qu'a il de commun auec celuy de la terre? nulle certainemēt, sinon au goust, & en couleur. Aussi le Singe de mer & le terrestre ont bien quelques merques qui les font estre communs, mais au reste ils ne se ressēblent pas. D'auantage qui est celuy qui ne sache cognoistre l'Ours de la terre? & toutesfois qui luy mōstreroit l'Ours de la mer, il auroit beau songer auant qu'il deuinast son nom, car il est semblable a vn homar,

mar, ſinon qu'il n'ha point de forces, non plus que la ſaulterelle de mer que ceuls de Marſeille nomment vne Languſte. Oultre plus ie croy qu'il n'y ait hõme qui ne cognoiſſe vn Chien de mer, car il retient ſon nom par toute la France: & toutesfois il ne reſſẽble pas a vn Chien terreſtre. Quant a ce point, ie n'entens pas de ceuls qui de noſtre cognoiſſance furent mis es eſtangs de Fontaine bleau, & de Chantilli, qui tuoient tout le poiſſon de l'eſtag, tellement que monſieur le Conneſtable, fut contrainct de les faire tuer a coups de traicts, & d'arquebuſes, mais ie parle de ceuls qui ſont communs par noz poiſſonneries, qu'on nomme vulgairement Chiens de mer, & deſquels nous auõs encor pour le iourd'huy toutes les quatre eſpeces que deſcriuit Ariſtote, & qui ſont cogneus par les marchez des villes. Mais non par nom propre car ceuls qu'il nomme *Spinaces*, *Nebrides*, *Caniculas*, encores qu'elles ſoient toutes apportees de la mer, toutesfois on ne les diſtingue point a Paris, Rouen, ne es autres villes de l'Ocean: comme a Marſeille car *Nebrides* ou bien *Hinnuli* ſont appellees Niſſoles, en prouenſal, & *Canicula* vn Palumb, & *Stellaris* vn Gat, qui eſt ce qu'on nomme vne Rouſſette: auſſi eſt ce le Chat de mer, que touts ſcauent cognoiſtre, & *Spinaces* & ſont nommez Eſgullats. Et le Homar n'eſt ce pas le Lion de la mer? Et le Mulet de mer, encor qu'on le nõme de ce nom la, il n'ha aucune merque cõmune auec le terreſtre, non plus qu'vn Aſne ha auec le Merlus: car le Merlus eſt l'Aſne de mer, mais entendez que ce ſoit le Latin: car *Aſellus* eſt vn Merlus: & qui tourneroit *Aſellus*, on le nommeroit vn Aſne de mer. Ie croy veritablement que ſi ie vouloye proceder oultre, que i'en trouueroye encor a nombrer deux fois autant deſdicts poiſſons en la mer que i'en ay deſia nommé, leſquels retiennent leurs noms des beſtes terreſtres a quatre pieds. Et au reſte pour n'eſtre point diſtraict ſi loing de la matiere que ie pretens traicter, mais touchant legieremẽt pluſieurs qui tiẽnent leurs nõs des oyſeaux, cõme ſont Corbeaux, Merles, Eſtourneaux, Griues, Hirondelles, Milans, Grues, Cigalles, & pluſieurs autres ſẽblables qui ſont nommez du nom d'oyſeaux & autres beſtes terreſtres, comme auſſi ceuls qui ont trouué leurs noms des choſes a quoy ils reſſembloiẽt comme eſt celuy qui a le nom d'vne chenille ou ſcalme nomme *Sphiræna* que ceuls de Marſeille nommẽt pesesco ou bien des signes celestes, Soleil, Lune, Estoilles: ou des fruicts qui sont sur terre, comme Concombres, Raisins, & Orties de mer: desquels ie me tais maintenant, remettant a les specifier ailleurs en chasque chapitre particulier. Touts lesquels nõs leur ont esté baillez pour quelque occasion. Car les accidents sont cause de cela. Les autres retiennent les noms de leur demeure, cõme ceuls qui habitent entre les rocs & lieux pierreux, on les a nõmez saxatilles. Les autres ont esté nommez des noms, ou ils font leur residence: comme ceuls qui frequentent les riuages sont appelles *Littorales*, au contraire des autres, qui se tiẽnent en la profõ de mer, qui ont nom *Pelagij*. Les autres ont leur nom des maladies dont lepras ou lelepris en fait foy, ou leprades, qui vault quasi autant que qui diroit Psorades. c'est vn poisson ainsi appellé pource que la couleur de son escaille est semblable a ceuls qui ont la maladie nommee Psora, qu'on nomme en Francois le mal sainct Main. Telle maniere de poisson a Paris est appellé vne vieille. Il y en a encor d'autres qui ont la couleur si elegante, qu'il n'y a papegault ne paon qui l'ait plus viue, ne plus belle. Et si lon a nommé quelquefois vn poisson de ce nom de Paon ou Papegault, ce n'est pas a dire pourtant, qu'il doibue resembler vn monstre en la mer qui fust de la forme d'vn Paon terrestre. Vn poisson d'excellente beauté fut quelques fois apporté par singularité a vn grand personnage a Paris, que ie ne vueil nommer, lequel pource que touts levoiants d'vne couleur si exquise, le nommoient Daulphin, mais c'estoit vn poisson saxatile nommé vn Paon, lequel ceuls de Marseille appellẽt vn Roquau, & a Genes Lagione, a Rome Papagallo, a Venise Lambena. Ie l'appelle Paon car ie trouue que les autheurs Latins l'ont appellé Pauo vn qu'ils auoient retenu du Grec, a la difference du merle qui est nommé Cossifos, mais pour ce que les noms susdicts sont diuersement attribuez aus saxatilles comme au Sanut, a la Tanche de mer ou Phicis a la Canadelle, a la Cannerelle, a la Dõselle c'est a dire Iulis qu'on nomme Zigurelle, & au pic ou piuert, & que les Romains font distinctiõ du Papegault au Paon: & qu'on ne suict point si exactement ceste differencea Venise, i'en ay bien voulu bailler la peincture.

Le

## Le portraict du Paon de mer.

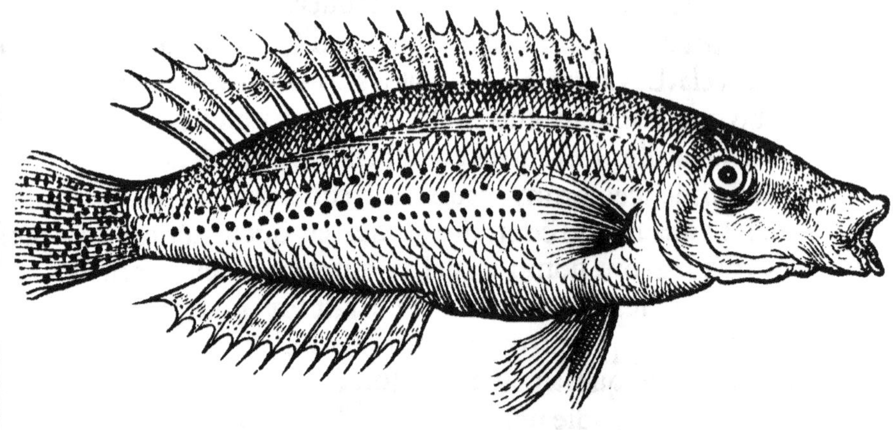

Il n'y a persõne qui ne cognoisse bien la Viue, que les Grecs ont autres fois nommee Dragon de mer, & encor maintenant elle est nommee en Latin de ce nom la: & toutesfois elle ne resemble en rien au Dragon, sinon aucunement en couleur. Ceuls qui ne l'auoient pas entendu, nous peignoient des Dragons faicts a plaisir, tels que sont ceuls que nous voions cõtrefaicts auec des raies desguisees, a la façon d'vn serpent volant.

Il y a encor plusieurs autres poissons, qui ne tiennent sinon que bien peu de la tache qu'on leur attribue des choses dont ils tiennent les noms. Quelle similitude de *Cithara* ou Harpe ha *Citharus*, pour estre ainsi nommé, & dedié au Dieu Apollo? Les vns le nõment *Cantarus*: les autres, comme a Marseille encor pour le iourd'huy, le nomment *Pesce cantena*. Il ne scait chanter, & n'ha la similitude de vaisseau cõme son nom en Italien le porte. car tout ainsi qu'ils le nomment vna cantara aussi nomment ils vn vaisseau a tenir du vin, vn Cantaro le nomment vne Bremme de mer, a la similitude d'vne Bremme d'eaue doulce. Car le voiants ainsi large, ils luy ont baillé ce nom la qu'ils scauoient de l'autre a qui il est moult semblable. Les Romains le nomment Zaphile, ceuls de Genes vna tanua & les Francois vne Bremme de mer: du quel poisson la presente est la vraie peincture.

## *Le naif portraict de Citharus vulgairement nommé Bremme de mer.*

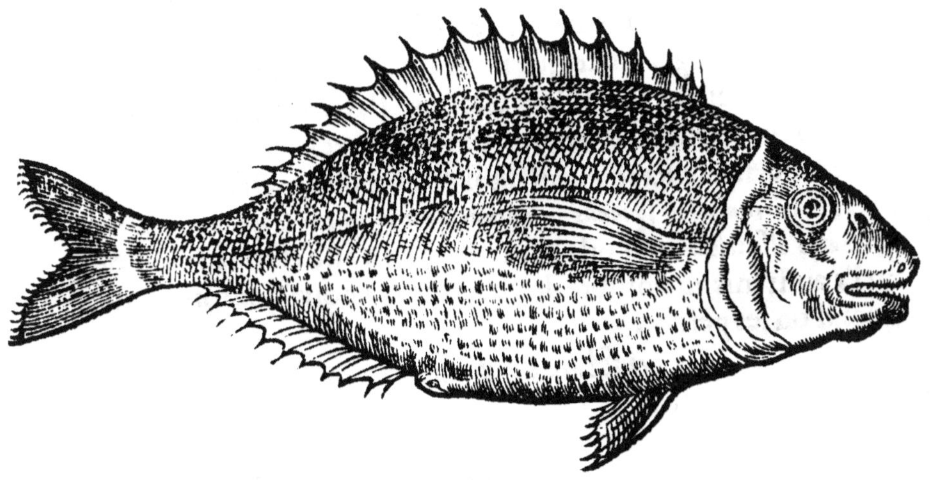

Qui vouldroit diligẽment chercher raisõ pourquoy nostre Brẽme de mer ha esté nommee *Citharus*, ie n'en sçaurois autre chose qu'en dire, sinon qu'elle ait des lignes le long de ses escailles a la maniere d'vn poisson nommé *Salpa*: lesquelles peuuent representer quelque semblance des cordes tendues en long, ressemblant la harpe d'Apollo. Ceci soit dict par maniere d'acquit en passant, d'autant qu'il me seroit difficile d'en trouuer autre raison a dire. Mais pour ce que ce poisson *Citharus* a quelque affinité en diction auec *Lyra* & aussi qu'il y ait vn autre poisson qui est particulierement nommé de ce nom, il m'a semblé bon en toucher quelque mot & en bailler la peincture. Car la Harpe & la Lyre dont ces deux poissons ont pris leur appellation, estants instruments de musique differents l'vn a l'autre, que les Grecs ont aussi nommé separement, a fin que l'affinité du vocable de *Cithara & Lyra* ne trõpast le lecteur, prenant l'vn pour l'autre, i'ay aussi baillé la peĩcture du poisson nommé *Lyra*. Lequel fut ainsi nommé pource qu'il ha le nez a la façon d'vne Lyre instrument musical. Ceuls de Marseille l'appellent Malarmat, quasi mararmat. Ceuls de Genes le nomment Pesarmato, & veritablement c'est a bon droict, car il est tellemẽt armé tout autour du corps d'escailles poinctues, qu'il sẽble estre tout d'os. C'est la cause pourquoy on luy ha baillé le le nom de *Holosteos*. Il est si rare a Venise, qu'ils n'en voient poīt du tout: & si frequent a Rome:qu'ils l'ont touts les iours en leur poissonnerie,& le nōment *Pesce forcha*,car il ha le bec long& fourchu comme vne fourche:au reste il est sēblable a vn Gournault, Tumbe,ou Rouget.Et ce que nous appellōs Gournauts ou Rougets,les Romains les appellent Capons. Par ainsi Paulus Iouius escriuant des poissons Romains,a mis cestuyci auec le Capō,c'est a dire Gournault. *Reperiuntur*( dit il )*& alij Capones,qui bifurcata habent rostra, & dorsum osseis squamis armatum, quos in genere. Caponum piscatores ipsi mares esse testantur.* Voila tout ce qui en a esté escript,sinon que on l'a aussi mis au nombre de ceuls qui font quelque son ou voix quand on les pesche.

*La peincture du poisson nommé Lyra.*

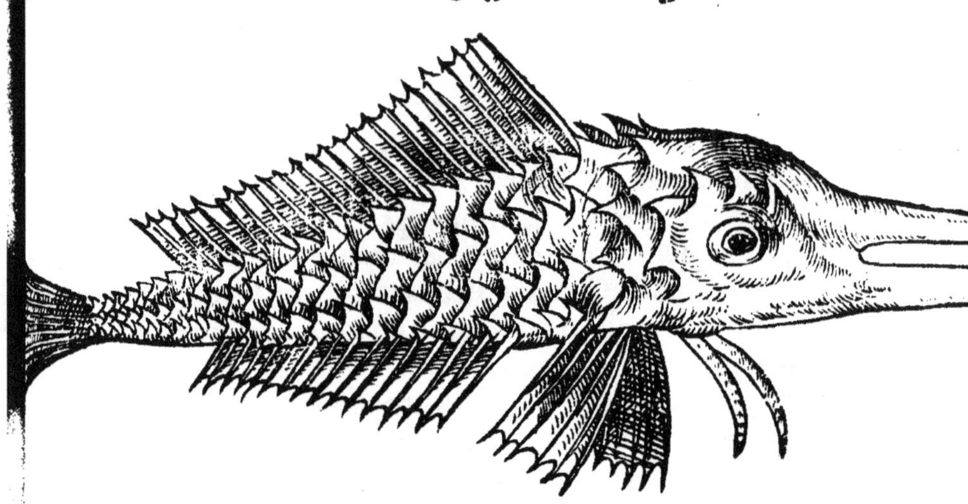

## *Que nature ne produit rien en quelque element que ce soit, qu'elle ne pouruoye premierement a ce qu'il fault pour le nourrir:& qu'vne chose rare,encor qu'elle soit inutile,est tousiours estimee.* Chap. XXXI.

MAis pour parler des choses que nous estimōs admirables en nature,nous les trouuōs plus rares d'autant qu'elles nous sōt moins communes: & par consequent elles en sont d'autant plus estimees.Car cõme ainsi soit que nous voiõs quelques endroicts non seulement en la terre, mais aussi en touts autres elements ou nature produist quelque chose particuliere qu'õ ne sçauroit trouuer ailleurs, semblablement les hommes la reçoipuẽt d'vne particularité speciale, attribuat tel douaire a la vertu singuliere du lieu qui l'a produicte:&pour exemple mettãt les mines de diuers metauls ou biẽ diuerses especes de pierreries, qui ne se trouuent qu'ẽ vn endroict, les hommes le referẽt a ce que i'en ay ia dit, comme aussi les Serpents produicts es deserts, esquels combien que la terre soit sterile pour autres animaux terrestres, toutesfois nature leur a dõné abõdant pasturage a leur nourriture, en sorte que qui les transporteroit ailleurs ou la terre seroit fertille pour autres animaux, toutesfois on la trouueroit sterile &mal consonãte a leur naturel. Pareillement la mer est en quelques parts fertile d'vne herbe, qui ne croist point ailleurs: aussi nourrist elle quelque poisson qu'on ne voit point autre part. Pour exemple de quoy ie prens le Scarus, lequel ie n'ay iamais trouué es riuages de Crete, sinon en celle partie qui regarde le leuant: car la mer n'engendre point de l'herbe dont il se nourrist sinon en cest endroict la. Aussi la mer produict vn Serpent qui n'est pas terrestre, mais est Serpent de mer, lequel ie di estre si rare, qu'il est peu de gents qui le aient veu. Et pource qu'il est rarement prins en toutes mers, il m'a semblé estre tant plus digne d'estre adiousté en ce lieu. S'il estoit des especes des poissons que i'ay descripts par le menu, ie le descriroye semblablement. Mais le mettant ici comme chose hors de mon propos, il me suffit d'enseigner par sa peincture, que c'est luy dont Aristote ha parlé en le nommant Serpent de mer. Et a dire la verité, encor qu'il soit bon a manger comme vn Congre, ou vne Murene, Anguille, Lamproie, & Gallee, toutesfois le commun peuple le voiant si approchant du Serpent terrestre, l'ha en horreur, comme s'il n'estoit pas poisson, & faict difficulté d'en menger, lequel i'ay faict peindre en raseau, car autrement ie n'eusse sceu exprimer sa longueur.

*La peincture*

## La peincture du Serpent de mer.

### *Que le nom de Marsouin ne signifie sinon Porceau de mer, & que le Porc marin ne soit pas le poisson que nous appellõs Marsouin.* *Chap.* XXXII.

POurce que i'auoye au parauant escrit, que ce mot Marsouin rendu en nostre lãgue, ne signifie autre chose qu'vn Porc marin, & qu'il y auoit d'autres poissons en la mer ausquels il conuenoit, il m'a semblé necessaire d'en bailler la peincture, en prouue de ce que i'en ay desia dict. Mais le nom de Porc marin n'ha pas esté constant & arresté a vn seul poisson: car plusieurs ont obtenu ce nom selon diuerses regions: comme est aduenu a Constãtinoble en nommant l'Hippopotamus, que les vns nõmoyẽt le Porc marin, les autres le Bœuf marin. Semblablemẽt Nicander escrit au liures des lãgues, que le Congre, & celuy qu'ils nõmoyẽt Grillus, c'est a dire vne Lotte de mer, estoit appellé Porc marin. Ie le puys aussi prouuer, par ce que Pline a escript du *Mario*, disant ces mots *In Dannubio Mario extrahitur, porculo marino simillimus.* Les Veniciẽs niciens ont aussi vn poisson en commune appellation, qu'ils nomment vne porcelette diminutif de porceau, laquelle est de moindre corpulence que l'Esturgeon, & croy que soit le poissō qui anciennement estoit nommé *Acipenser*: car ie n'en cognois point d'autre qui soit en forme triāgle que ceste porcellette la. Plusieurs autres nations ont aussi des poissons qu'ils nomment du nom de Truye, comme a Milam ils ont vn petit poisson semblable a la Scardola que les Milanois (parlants leur vulgaire) le prononcent vne Trueue qui est a dire vne Truie. Pareillement les Marseillois en ont aussi vn qu'ils nomment vne Truega, c'est a dire vne truie qui est le mesme poisson que ceuls de Genes nomment vn rotulo, & a Venise pesce san Piero, & a Paris vne Doree. Doree i'entēs a la difference de celle qui est nōmee *Aurata*, laquelle l'on ne voit point a Paris. Strabo aussi nōmant les poissons du Nil en ha appellé vn *Porcus* Ce poisson nommé Porc marin n'a point esté autrement exprimé des Grecs, sinon en tāt que Aristote en ha cogneu vn qu'il ha nommé *Aper*, c'est a dire Porc sauuage, ou Sanglier, lequel il nomme en sa langue Hys, c'est a dire *sus*, & en Francoys Porceau, duquel i'ay aussi voulu bailler la peincture.

*Le portraict du poisson nommé Aper, autrement nommé le Sanglier.*

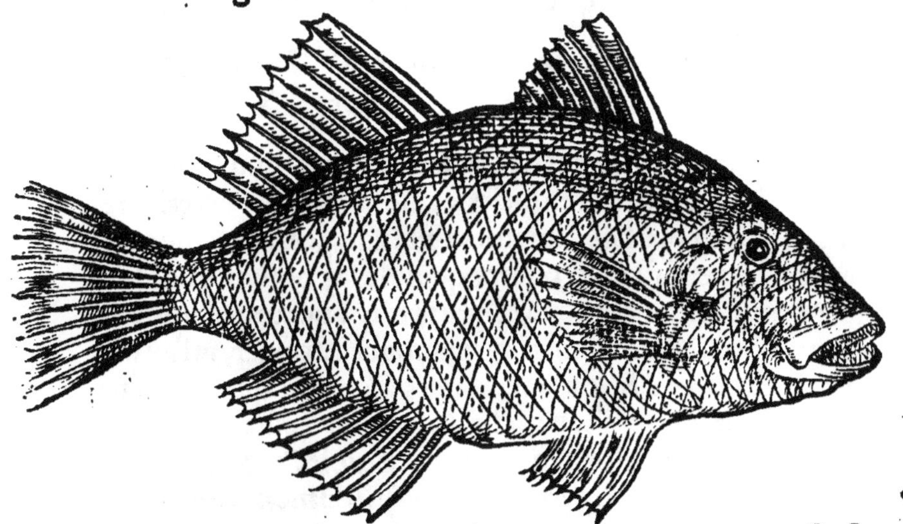

Ce San-

Ce Sanglier icy n'ha pas les escailles comme ont les autres poissons: car il ha sa peau si rude, qu'on en pourroit polir du bois, cōme l'ō faict de la peau des Roussettes, des Singes marīs, des chiēs des Lamies, & Amies, & Regnards de mer. Car mesmemēt le poisson que quelques vns auoient par ci deuāt descript pour *Aper*, est le Regnart de mer. Ce Sanglier est vn poisson assez hardi a combatre ses ennemis, car en oultre ce qu'il ha bōnes dēts, & l'escorce dure quasi comme cuir, il ha aussi des aguillōs dessus son doz, qui sont fort aspres & robustes. Il ha les ouies cachees dedens, comme la Murene, qui fut vne cause que ie pēsasse quant ie le trouuay la premiere fois, que ce fust l'*Exocetus*. mais i'ay depuis trouué *Exocetus* qui est semblable a *Glinos*. Ce Porc sāglier icy est rare a trouuer, parquoy l'auons seulement veu pēdu es eglises rēpli de bourre, comme a Ragonse. Au reste, ceste peincture a esté retiré du naturel, dont ie n'ay voulu nonplus parler qu'il a esté besoing de dire pour faire entendre qu'il auoit nō *Aper*, c'est a dire Porc sauuage, duquel la grandeur vient a estre en comparaison a la Carpe. Il m'a semblé que il me cōuenoit bailler toutes les susdictes peinctures pour demonstrer l'erreur de ceuls qui peignoient des mōstres contrefaicts a plaisir. Or laissant ces mōstres contrefaicts a plaisir, auec les inuenteurs de tels portraicts faicts sans consideration, ie retourneray prendre mon propos que i'auoye encommencé, poursuiuant l'histoire du Daulphin.

## *Qu'on ha attribué plusieurs merques au Daulphin, qui sont faulses.* Chap. XXXIII.

SVyuant le propos de ce qui ha esté faulsemēt attribué au Daulphin, il reste que ie declare quelques notes, en son exterieure peincture, qui luy ont fabuleusement esté adiugees, a fin que quelque autre ne les ensuyue. Et pource que ie les ay obseruées de biē pres, & regardé attentiuement, & que ie n'ay onc trouué vne telle note qu'est celle que aucuns luy ont voulu attribuer, ie l'ay biē bien voulu declarer, a fin de la reprouuer. C'est que quelques vns veulent qu'il ait vn aguillon caché dedens son fourreau en l'arreste qui est dessus son doz, & que d'icelle il tue le Crocodile dedēs le Nil: & aussi que le petit garson d'Iasso qu'il aimoit tant, se tua par erreur, s'estant picqué du susdict aguillon en tumbant dessus & rencontrant l'espine qu'il se ficha dedens le corps. Lesquelles choses sont dictes sans consideration, qui sentent plus la fable que quelque appaërce de verité, Ie ne nie pas qu'il me puisse estre vray, touchant son amour & celle du petit garson de Iasso: mais il ne peult estre vray qu'il y ait un aguillon sur son dos, car Aristote n'en ha onc parlé. & luy qui en ha escript si amplement, ne l'eust pas laissé en arriere, si il y en eust eu quelqu'un : & aussi que l'experience en fait foy, veu mesmement qu en vne telle difficulté, l'œil en peult donner certificatiou quãd lon ha la chose deuant soy. Ie ne puis aussi conuenir auec plusieurs qui ont escript que les Daulphins saultants par la mer, font vn presage annonceant la tempeste a venir. Ceci soit dict sauluant l'honneur de ceuls a qui il est deu. Mais il me semble qu'ils se sont trompez en ce cas la. Car i'ay expressement obserue maintesfois en plusieurs voyages, que les Daulphius alloient aussi bien auec le vent, que contre le vent, & qu'ils se monstroient aussi bien quãd la mer est esmeue en tempeste, que quand elle est tranquille & sans vent, chose qui appert quand les Daulphins se monstrent en l'air pour respirer hors l'eaue, laquelle chose ils fõt aussi bien apres le mauuais tẽps, que durant la tempeste, & semblablement aussi bien deuãt comme apres, car les Daulphins ne peuuent viure en la mer sans respirer.

### *Qu'il soit vray que les Daulphins aydent grandement aus peschuers qui peschent a la traine,* Chap. XXXIIII.

QVant aus autres histoires fabuleuses qui ont esté recitees des Daulphins, ie n'en eusse pas escript vn mot, si ie ne les auoye ouy n'a gueres raconter en Grece. Car le commun peuple en retient encore pour le iourd'huy plusieurs qui ont esté anciennement racontees, & qu'on trouue maintenant escriptes. Et touchant celle, qui a esté dicte qu'ils donnent grand secours a ceuls qui peschent le poisson, & qu'il leur aydent a le mettre dedens les rets, & en recompanse qu'ils participent du butin qui est departy edtre euls. Quant au premier, ie trouue bien qu'il soit vray semblable, mais (comme ie diray cy apres) Cala aduiẽt

par

par accident, de laquelle chose ie puis porter tesmoignage de l'auoir veu en plusieurs lieux,& diuers ports, & plages de la mer Ie me suys trouué en compaignies de plusieurs gents que ie pourroye bien nommer,& entre autres de Benigne de Villars appoticaire de Dijon, qui d'vne obseruation expresse auons eu souuentesfois plaisir en plusieurs Isles d'Æsclanonnie & de Grece, regardants venir les Daulphins de plaine mer, quelquefois en compaignie,les autres fois deux a deux. Car ils s'acouplent malle & femelle, sans se laisser iamais l'vn l'autre, & n'allants point seul a seul. Lesquels en faisant la chasse en la spacieuse compaigne de la mer. Apres que d'vne grande industrie ils ont reduicts plusieurs petits poissons des lieux descouuerts en la mer & contrainsts & serrez en quelque destroict,ou es endroicts de la mer qui ne sont pas parfonds,Cognoissants les estres des riuages. Alors entrant auec vne impetuosité sur celle multitude,ils se paissent indifferemment tant de l'vn que de l'autre.Et si ils se trouuent dedens quelques compaignees de Selerins, ou de Sardines,d'autant qu'elles sont si especes qu'elles s'entretouchent en la mer,ils en font si grand degast, n'en mangeants que la teste,ne faisants estime du reste des corps.Qui est chose qu'on cognoist a les trouuer flottants sur l'eaue en grande multitude ou bien deiectez es riuages en grand nombre. Mais les autres paouures poissons qu'ils ont ainsi reduicts par les destroicts, en sont si espouuentez de l'arriuee des Daulphins & tant craintifs de leur impetueuls assault,qu'ils se trouuent mal asseurez en leur propre element.Et en cherchant leur salut en vn autre,ils se mettent encore en vn plus grand danger.Car sachants qu'il n'y a espoir de se sauluer en l'eaue,ils saultent en l'air, ou ils ne peuuent guere longuement rester. Alors on les voit recheoir si dru en la mer,qu'il semble proprement que ce soit pluye tombãt du ciel. Mais pour cela encore ne sont ils pas sauluez,d'autant que les oyseaulx qui suyuent les Daulphins a grands bandes,font tout ainsi en leur endroict comme font les chasseurs a l'endroict de l'Esmerillon.Car les chasseurs auec vne grande troupe de chiens courants,chassants au lieure par la campaigne,dõnent souuent moyen a l'Esmerillon & Hobreau qui les suyt,de se repaistre des alouettes & petits oyseaux que les chiens contraignent de s'esleuer de

F.2. terre,

terre,lesquelles apperceuãts l'esmerillon qui les attent,se sentãts combatues de deux necessitez,l'vne des chiens,& l'autre de leur ennemi capital,aiment mieuls chercher salut entre les iambes des cheuauls,ou bien se rendre en la gueulle des chiens,que d'experimẽter la merci de celuy duquel elles n'esperẽt que la mort. Semblablement les poissons craignants les Daulphins, esperent se sauluer en l'air,mais les oyseaux que les Grecs nõmeient *Laros* les Latins *Gauia*,& les Francois Mouëttes, & les autres nommez *Carnios*, ou Canards,qui suiuẽt les Daulphins a grãdes bandes, cognoissants leur effect(aussi sont ils causes de les enseigner:car quelque part que les Daulphins aillent,lesdicts oyseaux vollent tousiours au dessus)descendent de roydeur sur toute la multitude de ce poisson espouuanté,qui mieuls auoit aimé se mettre en leur misericorde,que d'essayer celle du Daulphin qui le va pourchassant par la mer. Mais estant tourmente de toutes parts,fuiãts les deux inconuenients& cherchãt son dernier refuge tel que nature luy a apprins,il se renge au riuage de la mer:ou encore pour la tierce fois,il tombe en plus grande necessité qu'au parauãt.Car il se donne en la puissance de celuy lequel il ne peult fuir, estant si estonné de la paour qu'il ha eu,que mesmement il se laisse prẽdre auec la main,ou bien demeure pris es rets. Voyla comment les Daulphins errants par la mer vagabons, maintenant ça maintenant la,& commençants du matin, vont celle part ou ils ont constitué l'estape de leur desieuner. Tout ainsi font ils de leur disner,& finablement font le semblable de leur soupper:par ainsi ils sont quasi tout le iour en pourchas. C'est la raison pourquoy ils sont tant aimez des pescheurs, pource qu'ils ameinent le poissõ de toutes parts iusques dedens leurs rets. Aussi en ont ils recompense:car les pescheurs ne leur font iamais mal. Et encor s'ils les trouuent prins en leurs filets, il leur donnent liberté. Ie ne vueil entendre que cela se face en toutes mers, mais principallement en Grece & autres lieux ou les habitants ne mangent point de Daulphin.

## *Que nature n'ha permis aus Daulphins, de prendre librement les autres poissons, s'ils ne sont tournez a la renuerse.* Chap. XXXV.

QVand les Daulphins pourſuyuent les autres petits poiſſons pres du riuage, il eſt moult facile de les veoir peſcher. Car en prenant le poiſſon pour le manger, il eſt neceſſaire qu'ils ſe rẽuerſent, & a lors leur ventre apparoiſt blanc a ceuls qui les regardẽt, leſquels on peult veoir clairement. Car le Daulphin eſtant de ſi groſſe corpulẽce qu'õ le peult veoir de biẽ loĩg, & que apres qu'õ l'aveu ſe lãcer hors l'eaue pour prẽdre l'air, puis rẽtrer en la mer, le Daulphin qui au parauant apparoiſſoit noir, ſe tourne incontinẽt en blancheur: mais celle blancheur prouient de ſon vẽtre, lequel on peult biẽ veoir des nauires iuſques la bas au parfõd de la mer. Et meſmemẽt il ne ſe pourroit repaiſtre, ſ'il ne ſe renuerſoit deſſus l'eſchine, qui eſt vne note que Ariſtote ha expreſſement eſcripte au huictieſme liure de l'hiſtoire, & au quatrieſme des parties des animauls. Et pour parler au vray de ce renuerſement du Daulphin, apres y auoir regardé expreſſement, y cherchant quelque raiſon, obſeruant toutes choſes: ie voy touts les autres animauls non pas ſeulement les terreſtres, mais auſſi les poiſſons, auoir vne grande eſpace & cauité en leurs gueulles, que ie n'ay point trouuee es Daulphins: veu meſmement que les muſcles qu'ils ont par dedens le palais en la bouche, & par la force deſquels eſt fermé & ouuert le conduict de la fiſtule qu'il ha ſur ſa teſte, ne luy permettẽt a cauſe de leur groſſeur, auoir le palais caué ouvouté: deſquels ie parleray plus amplemẽt au ſecõd liure en l'interieure anatomie. Mais pource qu'il m'a ſemblé que ceſte merque appartenoit en ce lieu, ie l'ay bien voulu amener, pour la difficulté de la leçon qui eſt en Pline & Ariſtote. Et me ſemble qu'il n'y auroit aucune difficulté es mots de Pline parlant ainſi du Daulphĩ, *Velociſſimum omnium animalium non ſolum marinorum Delphinus, ſed ocyor volucre, acrior telo: ac niſi multum infra roſtrum os illi foret, medio penè in ventre, nullus piſcium celeritatem eius euaderet, ſed affert moram prouidentia naturæ: quia niſi reſupini, atque conuerſi, non corripiunt*: pourueu qu'on entẽdiſt bien ce qu'il veult dire par ces parolles, car quand il dit, *ac niſi multum infra rostrum os illi foret, medio pene in ventre.* Il doibt estre entendu de son estomach, car venter en Pline est souuent mis *pro ventriculo*: chose qu'on peult prouuer de plusieurs autres passages. Et qu'il soit vray, ce mesme autheur au liure huictiesme chapitre vingt & vn ha escript en ceste sorte: *Crocutas Aethiopia generat, veluti ex cane lupoque conceptos, omnia dentibus frangentes, protinusque deuorata conficientes ventre.* Oultre plus au dixneufiesme liure chapitre cinquiesme il dit ces parolles: *Cibos salubres ac leues pluribus modis existimant, qui perfici humano ventre non queant, sed non intumescant.* Veter aussi en quelques autres autheurs est leu pour le ventricule. *Macrobius saturnal.* liure septiesme chapitre quatriesme, escrit en ceste maniere: *Ventris duo sunt orificia: quorũ superius erectũ recipit deuorata, & in follem ventris recõdit. Hic est stomachus, qui paterfamiliàs dici meruit, quasi omne animal solus gubernans. Inferius verò demissũ, intestinis adiacentib⁹ inseritur &c.* Il ne fault dõc pas entẽdre que Aristote ne Pline veuillẽt direque le Daulhin ait la bouche dessoubs quasi au milieu du vẽtre: mais qu'il l'ait biẽ auãt dessoubs le bec, quasi au milieu de l'estomach: & mesmemẽt Aristote au viij^e. de l'histoire ha escript que touts les poissõs du gẽre chartilagineux, & touts autres qui ont grãde corpulence, cõme la Baleine, & les Daulphĩs, ne prẽnent poĩt les poissõs, qu'ils ne soiẽt rẽuersez. *Caeteris piscibus* (dict il) *captura minorum à frõte agitur ore, vt solent meare. At cartilaginei, & Delphini, & omnes cataceï generis resupinati corripiũt, habẽt enĩ os subter. vnde fit, vt periculũ minores facilius possint euadere.* Ie ne voy aucune difficulté en ce passage, qui ne puisse biẽ conuenir a nostre intention: c'est a dire que les Daulphins ont la bouche au dedens de la partie de la gorge, & qu'elle soit de la partie du dessoubs. Ceste chose se peult facilement prouuer par vne raison qu'il adiouste puis apres au quatriesme liure des parties, parlant du Daulphin en ceste sorte. *Quoniam etiam cum rostrum eorũ structura tereti ac tenui sit, facile scindi in horis habitum non potest.* Cela disoit Aristote conformemẽt a ce que i'ay desia escript: sçauoir est que les Daulphĩs ne peuuẽt prẽdre le poissõ s'ils ne sont rẽuersez. Et en rẽdãt la raisõ, dict qu'ils ont le bec greslé & rõd en lõgueur. Parquoy ne se peult bõnement ouurir en forme de bouche.

## *Que nature n'a baillé le gosier au Daulphin, oultre la coustume des autres poissons sãs raison, mais que soit tant pour sa sãté, que pour le salut des autres.* Chap. XXXVI.

ARistote au iiij^e^.liure des parties,parlant des poissõs & pricipalemẽt du Daulphin dict ces mots: *Sunt & oris discrimina. Aliis enim os antè, & pronũ est. Aliis infrà parti supina: vt Delphinis, & cartilagineo generi. Quãobrẽ hæc nisi cõuersa resupinẽtur, cibũ corripere nequeũt. Quod natura non modò saluatis gratia, cæterorũ pisciũ fecisse videtur (dũ enim sese ista cõuertunt mora intercedit, qua piscis que insectãtur, euadere possit: nã omnia id genus rapina pisciũ viuũt) verũetiam ne nimis suã deuorandi auiditatẽ explerent. Quũ enim facilius caperẽt, breui per imodicã satietatẽ perirẽt. quoniã etiã quũ rostrũ eorũ structura tereti ac tenui sit, facilè scindi in oris habitũ nõ potest.* Et au viij^e^ liure de lhistoire: *Cæteris piscibus captura minorũ à frõte agitur ore, vt solẽt meare. At cartilaginei, & Delphini, & omnes cætacei generis resupinati corripiunt. habẽt enim os subter. vnde fit, vt periculũ minores facilius possint euadere. Alioquin pauci admodũ seruarentur quippe quũ Delphini celeritas, atque edendi facultas mira esse videatur.* En ces lieux Aristote ha faict descriptiõ correspõdẽte en toutes qualitez a nostre Bec d'oye, cõme ie prouueray par sõ anatomie, & principalement en descriuãt celle de la gorge qu'il a moult estroicte. Ce que nature ha expressemẽt voulu faire, pour le salut des autres poissons. Car pendãt le temps que les Daulphins se renuersent, les poissons qu'ils pourchassent ont espace de fuir, tellemenr que per ce moien ils eschappent. Autrement si cela n'estoit, il ne s'en saulueroit pas vn de leurs gueulles, veu mesmement que leur vistesse est quasi incomparable:
Et que leur appetit de manger est quasi insatiable Mais nature la faict aussi pour leur profit, a fin qu'ils ne se remplissent par trop en deuorant ardemment. Car si ils eussent peu prendre facilemẽt les autres poissons, ils n'eussent pas long tẽps vescu, mais ils se fussent incontinent gastez de gourmandise, en se saoullant oultre raison. Et aussi ne peuuent ils pas facilement prendre le poisson, pource qu'ils ont le bec long & rond & delié, qui ne se peult pas aisement ouurir en vne ample espace de gueule. Et quand ils ont grand faim & sont hastez de poursuiure quelque poisson iusques bien bas en la profõdité de la mer, ne pouuants plus long temps se contenir leans sans respirer, ils se dardent si viste pour retourner trouuer l'air, ils vont plus roide que ne faict vne flesche d'escochée d'vn arc par vn fort bras. Et n'y ha point de faulte que ils ne s'eslancent moult hault en l'air en saultant, mais quant a ce que

que Aristote ha dict qu'ils saultent par dessus les mas des grosses nauires, il peult estre vray, car autrement il ne l'eust pas escript. Toutesfois ie n'ay onc aperceu qu'ils saultassét si hault. Les Daulphins sõt tousiours en perpetuel mouuemét, en sorte qu'ils ne arrestent iamais en vne place, & mesmement dormants a la renuerse, descendent petit a petit iusques a tant qu'ils trouuét terre au parfond de la mer: lesquels lors se resueillants, puis de tresgrande roideur viennent a mont pour respirer en l'air, & se r'endormants, font plusieurs fois le semblable.

*Que la visteße des Daulphins, ne leur prouiét pas de leurs aisles comme aus autres poißons, & que le poißon nommé Amia face de grandes cruaultez au Daulphin, quand il en peult estre le maistre. Chap. XXXVII.*

TOut ainsi que le Daulphin est le plus viste de touts les autres poissons de la mer, aussi est il le plus hardy: & de faict il les maistrise quasi touts, car aussi est il leur superieur. Nonobstãt cela, il ne laisse pas d'auoir quelques ennemis qui luy font fascherie & guerre mortelle, & desquels il est quelques fois vaincu: & principalement d'vn nommé *Amia*, lequel le deschire cruellemét de ses dents, quand il peult auoir l'auantage sur luy, car si par fortune vne bande de Amies le rencontrent s'il ne le gaigne a fuir, elles mettent toutes la dent dessus, & ainsi le tenants ensemble de toutes parts ressemblent vne boulle ronde roullant par la mer, iusques a tant qu'il soit tout en pieces. Car aussi elles sucent tout son sang comme faict vne Sansue. C'est a bon droict qu'on ha iugé les Daulphins estre les animauls qui surpassent touts autres en vistesse, non seulement ceuls qui sont en la mer, mais aussi touts autres qui sont sur terre: & en l'air, car mesmement Aristote dit en auoir entendu merueille & choses incroiables. Lesquelles i'ay veu moymesme estant sur diuers genres de vaisseaux de marine, & en plusieurs mers, esquels il nous falloit nauiger en passant d'vne isle ou bien d'vn pais en vn autre: ou nous auons veu les Daulphins aller plus viste que ne faisoit nostre vaisseau, aiant la voile desployee auec vent en pouppe, en sorte qu'il gaignoit de vistesse tousiours deuant nous. Le Daulphin en nageant n'est pas aydé

de la

de la grandeur des aiſles, comme les autres poiſſons: mais il eſt ſeulemẽt aidé de la peſãteur de ſõ corps, car les aiſles ou pinnes qu'il ha, ſõt moult petites au regard de la proportiõ de ſon grãd corps, qui eſt moult gros & lourd & peſant & touteſfois, il n'y ha oyſeau en l'air qui volle ſi viſte, qu'il va en la mer. Ie puis donc prouuer, que ce ne ſont pas les grandes aiſles, qui dõnent la grãd viſteſſe aux gros poiſſons, car ſi cela eſtoit vray, les Hirondelles, & les Milans de mer, ſeroient plus viſtes que les Daulphins, car d'vne de leurs aiſles l'on en couuriroit bien l'aiſle d'vn Daulphin, & touteſfois les Daulphins auec leurs petites aiſles, ſont les plus viſtes des poiſſons.

*Que les hiſtoires anciennement racõptees des Daulphins, ſont encor pour le iourd'huy en la memoire des hommes, es pais du leuant, quaſi comme ſi elles eſtoient freſchement faictes depuis huict iours.* Chap. XXXVIII.

IL reſte encor quelque point a dire des hiſtoires qu'on auoit anciennemẽt recitees des Daulphins, dõt pluſieurs ſont pour l'heure preſente racomptees par les habitants du pais d'Albanie & Eſclauonie, ou l'on dict qu'elles furent faictes en ſorte qu'il n'y a celui pour le iourd'huy qui ne les ſache racõpter, comme ſ'il n'y auoit pas vn mois qu'elles ont eſté faictes. Choſe que nous ſcauons eſtre vraye par le recit des habitants de l'iſle de Corſula, & de ceuls des riuages de Grece & d'Albanie, ou il n'y ha paiſãt qui ne ſache racõpter l'hiſtoire de celui Daulphin qui venoit prendre la mengeaille es mains des gents du pais, & adiouſtent d'auantage que pluſieurs d'entre euls qui ſont encor viuants l'ont manié, tant il eſtoit priué: & qu'il portoit ſur ſon dos ceuls qui alloient nouër en la mer, ſe iouant auec euls, & qu'il aimoit ſur tout a ſe eſbatre auec quelques ieunes garſõs: & auſſi qu'il aidoit grãdemẽt aux mariniers a peſcher: mais qu'il auoit eſté tué il n'y ha pas lõg temps, & pour mieuls affermer la choſe, on les oit dire en ceſte maniere. Que le paillart qui luy auoit faict oultrage, fut nagueres mis en quartiers, meurtri d'eſtrange maniere. Voila quant a l'vne des fables, ou pour mieuls dire hiſtoire, tãt anciẽne qui ſera tousiours moderne en ce pais la, tant que le monde sera en estre. L'autre de celui qui aimoit vn enfãt, &le portoit dessus sõ dos, se iouant auec luy par la mer, & puis le rapportoit au riuage, & l'aimoit si ardemment, que a quelque heure du iour & quelque loing qu'il fust, quand l'enfant venoit au riuage & l'appelloit, incontinent le Daulphin se rendoit la, se presentant a luy pour le recepuoir sur son dos, & le mener iusques en pleine mer s'esbatant & de la le ramener quand il plaisoit a l'enfant. Toutes lesquelles choses &plusieurs autres semblables tant anciennes, sont recitees de fresche memoire par les paisants deGrece & Esclauonie, comme si cela estoit aduenu de nostre temps, & toutesfois elles ont ia esté escriptes plus de treze cẽts ans ha. Quãt a toutes autres sẽblables ie n'en vueil escrire autre chose. Car qui les vouldra entẽdre, pourra veoir les autheurs qui les ont escriptes.

*Que les habitants du Propontide estiment que les Daulphins soient passagers de la mer Mediterranee au pont Euxin, & qu'il leur soit plus tolerable viure long temps hors l'eau que dedés la mer sans prendre haleine. C. XXXIX.*

I'Ay ouy que les Grecs qui demeurent au riuage du Propontide disoient qu'ils cognoissent que les Daulphins sont passagers a la maniere des autres poissons, sçauoir est qu'ils se partent touts les ans en quelque saison de l'an, venants de la merMediterranee passants par l Hellespont & le Propontide, & de la se rendants au Pont Euxin, dedens lequel ils sont vn certain temps auant s'en retourner. Et que quand le temps leur ha apprins qu'il est saison de reuenir, lors chascun s'en retourne dont il estoit party. Dient d'auantage qu ils cognoissent deux distinctions & differences de Daulphins: sçauoir est des grands, & des petits. Toutes lesquelles choses Aristote a mon aduis ha voulu entendre, escriuantque les Daulphins de Pont sont moult petits, & qu'il n'y a point de autres bestes malefiques aux poissons en Pont que le Daulphin & leMarsouin: & que les plus grands Daulphins sont bien auant au profond du Pont Euxin. Parquoy me semble qu'il veult entendre que les vns puissent estre nommez les plus grands, les autres les moindres. Les Daulphins ont cela de particulier, qu'ils aimẽt a s'aprocher des nauires, & les mariniers les voiants venir, font quelque bruict & les siflent, a fin que les Daulphins aiants entẽdu le son, restent plus long temps au tour du nauire. Et iceuls Daulphins s'approchants, on les oit faire vn grand bruict en sortant hors la mer, en iectant le vent qu'ils auoient lõg temps contenu en leurs poulmons: lequel bruit ils font par le conduict de leur fistule. Ils entrent quelques fois, en l'eaue doulce: ou ils se peuuent bien contenir vne espace de temps, & viure des poissons des riuieres ou estangs, comme en la mer: toutesfois l'on voit ordinairement qu'ils n'y demeurẽt pas long temps. Entre autres choses qui sont les plus notables du Daulphin c'est, qu'il luy seroit plus tolerable de viure long temps en l'air estant sur terre sans auoir mal, que d'estre detenu en la mer sans prendre haleine, tellement que souuent les Daulphins qu'on ha prins es rets, demeurẽt suffoquez en l'eau par faulte d'air, car ils ne peuuẽt viure sans respirer, non plus que touts autres poissons qui ont poulmons.

## *Que plusieurs choses nommees de propre nom, aient pris leur appellation du Daulphin.* Chap. XL.

AVant que de mettre fin a ce mien discours touchant la narration de la nature du Daulphin, i'ay bien voulu adiouster vn poĩt que i'auoye laissé en arriere qui debuoit estre escript au chapitre des antiques engraueures des Daulphins. C'est que Vlixes portoit l'effigie d'vn Daulphin engraué en son cachet: & aussi portoit le Daulphin portraict en son escu, en l'honneur de celui qui auoit sauué son fils *Thelemachus* qui estoit tumbé en la mer s'estant mis dessoubs luy, l'auoit amené iusques au riuage. Il y eut anciẽnement vne espece de vaisseau que les Romains nõmoiẽt de nõ propre *Delphinus* dõt ils se seruoient en leurs repas, du quel Pline a escript, en parlãt des tables antiques en ceste maniere *Delphinos quinis milibus sestercijs in libras emptos. C. Grachus habuit.* Ie croy que fussent tels vaisseauls dont vsent les panetiers du Roy & des Princes lesquels ils nõmẽt vulgairemẽt Nefs ou Nauires. Les pasticiers aussi en quelques parts en ont de sẽblables qu'ils appellẽt gardemãger, lesquelles me sẽblẽt tenir quelque chose de la forme du Daulphĩ & que telles nauires estoiẽt les Daulphĩs des Romaĩs. Semblablement le Daulphin ha donné nom a vne herbe qui anciennement estoit nommee *Delphinion*: car les fueilles d'icelle herbe luy ressembloiẽt: semblablement il ha aussi donné nom a vne masse moult pesante, qui estoit de fer ou de plomb, faicte a la similitude d'vn Daulphin, a la quelle les Francois ont mué le nom car telle masse est maintenant nommee vn Saulmon. Si nous croions a l'interprete d'Aristophanes c'estoit vne grosse masse de plomb ou de fer, aiant figure de Daulphin qu'on pendoit a l'antẽne du nauire, quand l'on liuroit la bataille sur mer, laquelle masse on laissoit tomber dedens la nauire des ennemis, pour le faire aller en fõd. Et telle maniere de nauire Thucydide nõmoit *Delphinophorõ*, c'est a dire nauire portant Daulphĩ. Sẽblablemẽt il ha donné le nõ a la region qui maintenãt est nommee Daulphiné. Aucuns ont eu quelque apparence de raison, d'auoir nõmé le Daulphin du nom de *Pompilus*, car il accompaigne voluntiers les nauires, comme faict le Daulphin. Toutesfois Aristote descriuant, *Pompilus* separement du Daulphin, monstre bien que le Daulphin ne le Marsouin ne soient pas *Pompilus* duquel ie ne vueil point parler d'auantage, car il me suffit d'auoir touché ce poinct, pour faire entendre que *Pompilus* soit vn autre poisson, que le Daulphin.

## *Description des exterieures parties du Daulphin.* Chap. X L.

APres que i'ay long tẽps pourchassé toute l'histoire de ce qui se doibt dire du Daulphĩ, il m'a sẽblé estre tẽps de retourner prẽdre mon principal propos ia commencé, & prendre les susdictes especes de Marsouins chascun a part soy, a fin de tellement les specifier qu'elles soient entendues. I'ay dict que celuy qui est le plus communement apporté de la mer, & qui n'ha pas le nez long, estoit celuy que ie vueil entendre par le nom de Marsouin: & que celuy qui ha le nez long, appellé des Francoys vn Oye, soit le Daulphin, duquel ie vueil premierement donner la descriptiõ, tant du masle que de la femelle, a fin que chasque note exterieure soit diligemment examinee, prenant les parties de son corps a part, en les considerant diligemment. Et cõmen[illegible] par la grosseur,

ſeur, la plus commune qui ſoit veue es Daulphins, c'eſt autant qu'vn homme peult comprendre dedens ſes bras, les embraſſant au trauers du corps. La longueur eſt autant ou quelque peu mois qu'vn homme peult meſurer en eſtendant les bras, touchant la queue d'vne des mains, & de l'autre a la teſte, aiant le corps du Daulphin appuié contre ſa poictrine. Voyla la cõmune grãdeur & la plus vulgaire qu'on veoit ordinairement en noz becs d'Oyes. La grandeur de la corpulence du Daulphin ha eſté exprimée en comparaiſon du Heron de mer: car Ariſtote a laiſſé par eſcript, que le poiſſon nommé *Xiphius* ou *Gladius*, que les Francois appellent vn Heron de mer, croiſt quelquefois iuſques a telle corpulence, qu'il deuient plus grand que ne faict le Daulphin. Et pource que nous cognoiſſons bien quel poiſſon eſt le Heron de mer, auſſi par conſequent deuons nous eſtre aſſeurez de la grãdeur du Daulphin. Le plus grand que i'aye onc veu, fut apporté a Rouen, l'an mil cinq cents cinquante, au mois de Iuillet, duquel i'obſeruay la grandeur. La lune de ſa queue auoit en l'interualle d'vne des cornes a l'autre, plus d'vn pied & demy. Car elle contenoit trois fois autant que ma main ſ'eſtend en longueur de l'extremité du poulce & du petit doigt. c'eſt a dire trois paulmes: l'eſpeſſeur de ſon corps embraſſee auec vne corde, puis meſuree, auoit ſix paulmes. Sa longueur eſtoit autant qu'vn homme peult atteindre des deux mains eſtendant les bras. Son bec commenceant de la ou il eſtoit camus, eſtoit long d'vne paulme: & commenceant dont il eſtoit fendu, il auoit vne paulme & demye. Il auoit vn bõ pied en l'ouuerture de ſõ bec: Et eſtant vuidé de ſes interieures parties comme on l'auoit apporté, il poiſoit bien trois cents liures: auſſi vn cheual a peine l'auoit peu apporter depuis le Haure de grace a Rouen. Les Daulphins n'ont que trois aiſles en tout, dont vne ſeule eſt eſleuee deſſus leur dos, laquelle demeure touſiours en vne meſme haulteur, car ils ne la peuuent baiſſer: ne haulſer a la maniere des aultres poiſſons. Vray eſt qu'ils la tournent bien ça & la vers les coſtez. Les deus autres aiſles qu'ils ont, vne de chaſque coſte, ſituees aſſez pres de la teſte, me ſemblent eſtre bien petites miſes en comparaiſon a la proportion de leurs corps. Nature n'ha armé le Daulphin d'armures exterieures, & ſ'il domine ou commande aux autres, c'est par sa vertu, & non par force d'armes. Car en tout ce qu'il ha pour nuyre aux autres, ou se deffendre, sõ: seulement les dents. Il ha sa peau totalement lubrique & glissãte comme aussi touts autres poissons nombrez es especes de son gẽ re c'est a dire *Cetacea*. Il est sans escailles, & ha la queue contre la reigle & coustume des autres poissons, lesquels suyuant la forme de leur corps qui est plat, la portent a la mesme maniere, mais le Daulphin la porte oblique comme font les oyseauls. Car vn oyseau estant de forme ronde en longueur, & volant en l'air, en estẽdant sa queue, il vse d'icelle comme d'vn gouuernail, & s'en sert pour se soulager en volant, chose que nous pouuons veoir es Millans Hirondelles & es Cresserelles, qui se tiennent long temps en l'air en vn mesme endroict se soustenants de leur queues & des aisles, sans point se remuer. Mais puis se voulants darder vont comme vne flesche, aiants retire leurs aisles, lesquelles ils ne remuent point, se gouuernants seulement de la queue, ils vont d'vne vistesse incomparable. Semblablement les Daulphins, aiãts la queue oblique, nagent seulement de la pesanteur de leur corps sans point y trauailler leurs aisles, mais seulement leur suffit estre aidez de la queue qui conduyse le corps. Laquelle ils ont compassee a la façon d'vn croissant, non pas du tout en vray façon de Lune comme les Tons. Car ils ont d'auantage quelques autres entailleures. Ladicte queue leur baille vne tresgrand force en nouant, car elle est robuste. Tellement qu'on pourroit dire que leur queue les soustient en l'eau quasi en balance, comme la queue des oyseaux en l'air. Le Daulphin ha les yeulx fort petits, veu la grandeur de son corps. Il peult ciller a la maniere des bestes terrestres amenant la paupiere pour couurir la prunelle des yeulx. Les conduicts de son ouye sont si petits que n'y apparoist aucune cognoissance de pertuys, si lon n'y regarde exactement. Celuy qui les vouldroit trouuer, les cherche en ceste maniere: qu'il commence au coing de l'oeil, & suyue de droicte ligne allant vers les aisles, & il les trouuera distants a six doigts de l'oeil. Et s'il prẽd vn brin de paille, & choisisse la partie deliee a laquelle est attaché l'espi, & la fiche dedens les conduicts de l'ouye du Daulphin, & puis trenche la chair auec vn cousteau suyuant la paille,

paille, il voirra decliner les conduicts a costé contrebas, & se eslargir quelque peu au dedens, & finablement paruenir aux os pierreux, & entrer dedens le test. Les conduicts pour odorer, quelque diligence qu'on sache faire, ne sont apparoissants sinon es petits, nouuellement naiz, comme d'vn mois ou de deux mois. Car commenceants a deuenir grands. Ils perdent cela. On les voit aussi en ceuls qu'on a tiré de la matrice, lesquels ont des petits poils blancs comme barbeaux, de chasque costé de la partie de dessus la machouere d'enhault, mais ils sōt durs, lesquels trenches a la racine, & suyuis auec le cousteau, sont veus se inserer es extremitez de certains nerfs esquels ils se terminent. Touts les autres poissons ont des ouyes, qui sont ouuertures par les deux costez. Mais le Daulphin n'en ha point. Car comme nature luy ha nyé cela, elle luy ha baillé vne fluste, au cōduict dessus la teste, droictement entre les deux yeulx, par laquelle fluste ou tuyau il respire & aspire en l'air, & iecte l'eau, & fait bruit. Le Daulphin est espois par le milieu au trauers du corps a la maniere d'vn retournouer de guantier, car il se termine de chasque costé en se agressissant & diminuant en agu, tant de la partie de la teste que de la queue, il ha le nez long, rond, & droict, son dos est de couleur plombee tirant sur le noir. Il est blāc par dessoubs le ventre. Les aisles qu'il ha de chasque coste & la queue, & l'arreste de dessus son dos sont moult noires. Ses dēts sont de compte faict cent soixante en tout, moult poinctues & rondes, en longueur disposees par ordre, quarante en chasque costé de la maschouere: desquelles celles qui sont de la partie d'embas, sont plus petites que celles qui sont en la maschouere d'enhault, laquelle maschouere est continuee d'vn seul os. Si est ce qu'il y ha bien apparoissance de quelque petite separation. Mais par dedens elle monstre estre d'vn seul os a la maniere de celle d'vn Crocodille, en laquelle les quatre vingts dents qui y sont, descendent iustement & se rencontrent en se inserant dedens les autres de la maschouere d'en bas. Il ha quasi la langue a deliure, comme est celle d'vn porceau: mais elle est en ce differēte, qu'elle est couchee au bord par le deuāt, a la maniere des lāgues des Cygnes, Oies, ou autres oyseaux de riuiere

La

## *La difference exterieure du Daulphin d'entre le masle & la femelle.* Chap. XLII.

APres que i'ay descript les exterieures parties du Daulphin, qui conuiennent tant au masle qu'a la femelle: il reste que ie mette la difference de l'vn a l'autre discernant le masle de la femelle. car il y a quelques merques entre euls deux assez manifestes qui les separent euidẽment. C'est que les Daulphins masles, ont vne ouuerture par le milieu du vẽtre, en laquelle se retire le fourreau de leur membre honteuls, qui est enclos la dedẽs: lequel on peult tirer hors en le prenant par le bout: & quand on le tire bien fort, il sort hors moult gros: & ha plus de huict poulces de long. Il ha encor vn autre petit pertuis au dessoubs, qui est le conduict de l'excrement, lequel est beaucoup plus bas vers la queue. Mais la femelle n'ha point de telle ouuerture au milieu du ventre, sinon qu'elle en ha vne plus bas que celle du masle, qui est le pertuis de la nature, ioignant lequel vn peu au dessoubs est sẽblablement le pertuis de l'excrement, separé comme es animauls terrestres. C'est vne note infallible qui distingue exterieurement le masle de la femelle. I'ay desia baillé les portraicts du Daulphin retirez de l'antique, ainsi que les y auoye trouué grauez, comme es statues & medalles des republiques & empereurs tels qu'ils les y auoyent faict portraire. Consequemment il m'ha semblé raisonnable, d'ẽ donner vn retiré du naturel contrefaict au vif: lequel nous auons faict faire en Paris, de telle peincture que l'ouurier industrieuls maistre Francois Perier, aiant le poisson deuant les yeulx, ha retiré de son pinceau. Laquelle peincture de Daulphin monstree a touts viuãts cognoissãts le bec d'Oye, iugerõt que soit sõ naif portraict & croy qu'il ne se trouuera hõme qui ne l'aduoue pour tel.

*Le vray portraict du Daulphin.*

## Description du Marsouin, & la difference de Phoca, & de Phocæna. Chap. XLIIII.

POur n'engẽdrer confusiõ, es choses que i'ay descriptes du Daulphin, auec celles que i'escriray du Marsouin, i'ay bien voulu cõferer l'vn auec l'autre, car le Daulphin n'ha rien qui ne puisse aussi bien conuenir aus autres especes de Marsouins, tant du masle que de la femelle: & n'estoit que celuy qui est vraiement appellé Marsouin, c'est a dire *Phocæna*, n'ha pas le nez si long, il seroit quasi semblable au Daulphin. Mais pource que *Phocæna* est vn nom moult prochain de *Phoca*, & toutesfois *Phoca*, est vn aultre animal, appellé en Francois Veau de mer, ou bien Veau marin, de la peau duquel l'on faict les ceinctures de cuir pelu, ie l'ay bien voulu nommer en ce lieu, a fin que l'affinité des appellations de *Phoca* & *Phocæna* n'abusast personne. C'est donc a *Phocæna* a qui le nom de Marsouin est proprement deu, & qui est beaucoup plus commun que n'est l'Oye ou Daulphin: aussi est il generalement le mieuls cogneu par les poissonneries des villes, & principalement de Paris. I'ay veu souuentesfois aduenir qu'on y en ha apporté quatre ou cinq pour vn vendredy, mais cela n'est pas ordinaire: car telle chose aduiẽt l'vne fois plus l'autre fois mois. Aussi il y a vn temps auquel les Marsouins sont peschez plus frequents: car lon en voit plus au printemps qu'en autre saison, plus en yuer qu'en autõne, & plus en automne, qu'en esté: si est ce qu'on en veoit quasi en toutes saisõs: mais mois en esté qu'en nulle autre. Et pour cinq Marsouins qu'on y apportera, a peine l'on y voirra vn Daulphin ou Oye. Car les Daulphins sont peschez plus rarement que les Marsouins. Or voulant exactemẽt descripre le Marsouin, il ne me sera difficile apres auoir descript le Daulphin, car il est de mesme corpulence, qu'est le Daulphin: n'estoit qu'il est quelque peu moindre. Il est brun dessus le dos tirant sur la couleur celeste, mais il est blanc dessoubs le ventre. Il n'ha qu'vne hareste ou aelle dessus le dos, il en ha deux, vne de chasque coste, & ha la queuẽ tournee en croissant. Toutes lesquelles aelles, queue & hareste, sont de couleur noirastre, a la propre maniere de celles du Daulphin. Il ha le nez mouce quasi comme arrondi. Somme que ſon exterieure deſcription, conuient en toutes merques auec celle de l'Oye. Quant aux yeulx & autres conduicts d'odorer, & reſpirer, & au conduict de l'excremẽt & de la nature de la femelle, & du membre honteux du maſle, & toute la reſte des parties exterieures reſſemblent au Daulphin, & pour le faire brief, ie pretens que la preſente peincture le repreſentera au naturel.

*Le portraict du Marſouin.*

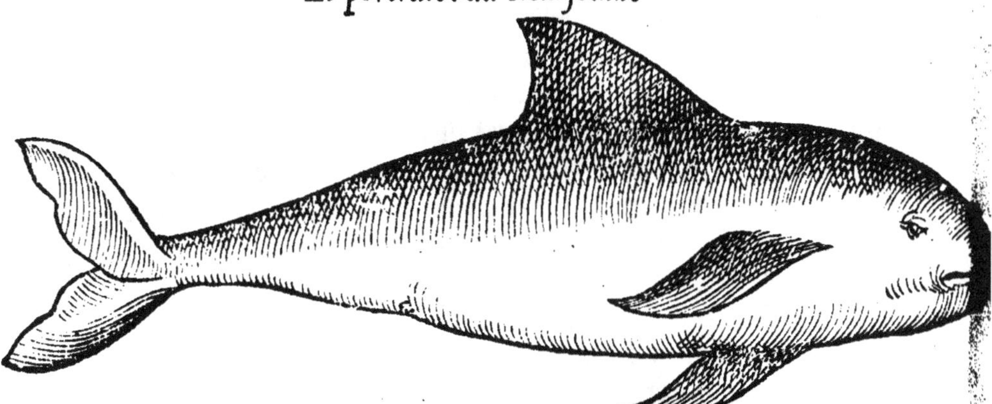

ARiſtote au ſixieſme & huictieſme de l'hiſtoire, ha parlé aſſez amplement de ce Marſouin, lequel il ha nõbré entre les poiſſons *Cætaceos* c'eſt a dire qui ſont de grande corpulence, & qui rẽdẽt leurs petits en vie, & qu'il ait du laict comme les Daulphins. Pareillement Pline parlant de *Torſione*, ou *Turſione*, qui eſt a dire Marſouin dict qu'ils ſont ſemblables aux Daulphins: mais quelque peu plus rigoureux, maltaiſants a la maniere que les chiens de mer font de leurs becs, naiſſants en la mer de Pont. Cela a eſcript Pli. de noſtre Marſouĩ, l'aiãt pour la plus grãd partie traduict d'Ariſtote. Mais pour *Phocæna* il ha tourné *Tyrſio* ou *Turſyo*, nous auons changé vne lettre diſants *Marſyo* pour *Turſyo*. Les Veniciens ont vne ſemblable diction pour exprimer le plus petit poiſſon qui ſe peſche en la mer, lequel pource qu'il eſt de petite ſtature, il n'a point de ſingulier: mais d'vne voix pluriele ils le nomment *Marſyoni*: lequel petit poiſſon ceuls de Marſeille nõment *Cabaſoni*. Et pource que telle maniere de petit poiſſon ne ſe voit point par deça, ie ne ſache point quel nom Francois il obtienne entre nous.

Deſcription

## Description d'vn autre espece de Marsouin surnommé vne Oudre. Chap. XLV.

AIant acheué toute l'exterieure anatomie du Daulphin & du Marsouin, auant que proceder a l'interieure partie, il m'a semblé conuenable de commencer a descripre, l'exterieure peincture d'vne tierce espece de Marsouin, comme i'ay promis: laquelle i'ay faict portraire au naturel, sachāt bien que la peincture peult mieuls representer les choses a l'œil en vn instant, que ne font les escripts en longue espace de temps. Elle fut trouuee dedens l'Ocean, & peschee au riuage du Treport, qui est vn haure en la coste de Normandie, & fut apporté par charoy a Paris. Ce fut l'vn des plus grands poissons que i'eusse onc veu. Ie vueil prendre cestuyci en foy, que touts poissons qui ont quelque similitude auec le Marsouin, soient indifferemment appellez Marsouins. Car encor qu'il fust particulierement nommé de quelques vns du pais vne Oudre, si est ce que generalement touts autres en le voiant l'appelloient du Marsouin. On l'enuoya du Treport a l'hostel de Neuers a Paris, & ceuls qui l'enuoyoient le nommoient du Marsouin, comme nous auons veu par les lettres qu'ils escripuoient au maistre d'hostel, ne vsants d'autre nom, sinon qu'ils disoient luy enuoyer vn Marsouin. Mais ceuls qui l'auoient amené, & plusieurs autres qui le venoient veoir, le nommoient vne Oudre, ou vn Neutre, les autres vne Ouette. Mais pource que Ouette est vn nom qui semble estre diminutif d'vne Oye, & l'Oye est le nom du Daulphin, il me semble que le nom d'Ouette luy seroit donné mal a propos: car il est quatre ou cinq fois plus grand que n'est le Daulphin. Somme que les appellations les plus communes estoient de la nommer vne Oudre, & Oudre en Francois est a dire Vter, qui est vne espece de vaisseau a mettre quelque liqueur, soit eau, vin, ou huille, comme sont les boucs, & peauls de chieures, esquelles l'huille nous est apportee en temps de quaresme du Languedoc en France, mais ie l'exposeray cy apres, quant i'auray mis la description de ce poisson.

Et pour commencer a le descripre par sa grandeur, plusieurs iugeoient qu'il estoit pesant de plus de huict cents liures.

Qui le mesuroit aux pas en cheminãt,on luy en trouuoit trois: mais mesuré plus seurement & plus iustemẽt,il auoit neuf pieds & demy.Il estoit si gros par le trauers du corps,que deux hõmes se tenants par les mains a peine l'eussent sceu embrasser. Mais iustemẽt empoigné par le trauers du corps auec vne corde,puis mesuree,elle auoit sept pieds: & depuis le nombril du poisson qu'il ha au milieu du ventre,iusques a l'espine du dos en trauers,il hauoit trois pieds & demi. La lune de sa queuë entre les espaces des cornes,auoit demie aulne.Ceste est la description d'vn bien grãd poisson: lequel toutesfois prins aux rets,n'a non plus de force que auroit vn autre petit poisson,& principalement si la queuë est empestree:car il ha les aelles moult petites pour la grandeur de sa corpulence:& estant prins,n'aiant point de secousse a soy darder, par cela il demeure affoibli,n'aiant plus de force a se remuer. Il ne pourroit aussi estre longuement en vie pris dedens les rets,qu'il ne mourust suffoqué par faulte d'air, non plus que touts autres poissons qui ont poulmons,comme Veaux de mer, Tortues de mer,Rats d'eau,Marsouins,Baleines,Lutres,Castors,Daulphins, Chauldrons.Celui duquel ie parle maintenãt,est Orca, il ha le nez beaucoup plus camus & mouce que n'ha le Daulphin: & pource qu'il est de plus grand corpulẽce,aussi ha il son bec ou nez beaucoup plus gros,mais le Daulphin l'ha biẽ plus estendu en lõgueur: car combien qu'il soit de moindre corpulence,toutesfois il ha le nez plus lõg.La maschouere d'embas de cest Orca,est plus lõgue que celle de dessus,ronde,& moult charnue.Les deux aelles dont il en ha vne de chasque costé, dont il se sert pour nager,me semblent plus petites,qu'il ne conuient a la proportion de la grãdeur de son corps.L'hareste qu'il ha dessus son dos,est esleuee droicte & petite au regard du demeurant. Tout ce poisson semble estre entierement couuert de quelque cuir cõme le Daulphin & Marsouin:aussi est il sans escailles,noir sur le dos, & blanc dessoubs le ventre.Il est de forme toute ronde en longueur,gros par le milieu du corps,& est estroict en diminuant par les deux bouts, cõme est vn pot a l'antique,ou vn fuseau panzu. Il ha les yeuls moult petits,entre lesquels dessus le sommet de la teste,est le cõduict de la fistule,par laquelle il inspire & expire.Sa langue n'est

entiere

entierement libre,& eſt ſemblable a celle d'vn Daulphin. L'endroict de ſa gorge par le dehors aux baſſes narines de la langue, eſt gros comme pourroit eſtre a ceuls qui ont vn ſecond mentō. Les deux petits pertuis de ſon ouye,encor qu'ils ſoient moult eſtroicts comme au Daulphin, touteſfois ils apparoiſſent quelque peu.La maſchouere de deſſoubs eſt ſi peſante,qu'elle tumbe d'auec celle d'enhault,quant le poiſſon eſt deſſus le ventre & luy tiēt la gueulle ouuerte,qui eſt fort bien armee de bonnes dents. Au ſurplus,quant eſt de ce que nous pouuons eſcripre de ſon exterieure anatomie,ie puis dire qu'il eſt en toutes notes correſpondant au Daulphin,excepté qu'il eſt quatre ou cinq fois plus grād. Tellement que ie penſoye au cōmēcement que ce fuſt vn Daulphin,d'autant que ie n'y trouuoye difference ſinon en vne exceſſiue grādeur. Vray eſt que i'ay trouué quelques particulieres choſes que i'ay obſeruees,leſquelles m'ont enſeigné que ceſtuici ſoit particulierement de ſon genre,different au Daulphin. Mais pource que i'ay touſiours eu la couſtume,que en l'endroict ou i'auoie difficulté des animauls qui ſe reſſembloient,de leur regarder les dents,apres diligente inſpection & cōſideratiō de celles de Orca, i'ay cogneu l'euidente difference d'entre luy & le Daulphin. Car le Daulphin ha iuſtement autant de dents en vne des maſchouere, comme ceſtui ci en ha en toutes les deux, ou bien diray mieulx, qu'il ha autant de dents en l'vn coſté de la maſchouere,que ceſtuyci en ha en toute vne entiere. Laquelle choſe i'ay facilement peu experimenter a l'œil:car nous l'auons cōferee a l'encontre des maſchoueres des Daulphins que nous gardons de long temps:maintenant les maſchoueres auec les dents du ſuſdict Orca,ia nettoyez & deſcharnez ſont chez monſieur le garde de ſeaux Bertrandi:leſquelles dents nous auons compté eſtre quarante en chaſque maſchouere,ne cōprenant point quatre petits rudiments qui ſont deuant, & les plus groſſes ſont au nōbre de vingt de chaſque coſté des maſchoueres,qui ſont mouces,mais celles du derriere ſont poinctues. Il y en ha en tout quatre vingts,moult blanches,longues en rond,diſpoſees par ordre, diſtantes l'vne de l'autre comme au Daulphin. L'os de la maſchouere d'ēbas eſt quelque peu voulté & eſt lōg d'vn pied & demy. L'ouuerture de ſa gueulle n'eſt guere plus fendue qu'eſt celle du

Daulphin,mais touteſfois il ha biẽ la gueulle plus large. La figure de ſa queue approche plus de celle du Daulphin que du Marſouī, touteſfois elles ſe reſſemblent toutes trois. Ce poiſſon n'ha pas ſeulement eſté veu pour vn coup, car il aduient quelques fois qu'ō en prend d'autres ſemblables & de plus grands, mais ſi rarement que en dix ans a peine en ſera pris vne douzaine en tout le riuage. Il ne reſte rien a deſcrire de ſon exterieure peiɛ̃ture, ſinō que celuy dōt ie parle maītenãt, eſtoit femelle, qui auoit vn petit dedēs le vētre, lequel pour lors n'eſtoit encor pas paruenu a iuſte grãdeur, car c'eſtoit au commencement de may, mil cinq cents cinquante & vn, touteſfois il eſtoit deſia ſi grand, qu'il auoit deux coudees de long. qui eſt vray argument que ce poiſſon fuſt en eſpece different au Daulphin, & Marſouin. Ceſte femelle auoit des mamelles, vne de chaſque coſté, qui eſtoient moult manifeſtes, tellement qu'il ha eſté libre a vn chaſcun de les veoir, deſquelles les petits bouts eſtoient cachez dedens vne fente, mais on les tiroit facilement hors de ladicte fente quand on les pinſoit auec les ongles: non pas que le bout de la tetine euſt vne teſte comme ha vn autre animal terreſtre, mais ſeulement vn petit bout delié, duquel les petits Ondreaux tettent le laict des mamelles, qui ſōt cachez cōme ie diray en deſcriuãt ſō interieure anatomie. Voila ce que i'auoye a dire touchãt l'exterieur de ce moult grãd poiſſō, qui ha eſté ſpectacle au peuple de Paris, car ils le venoient veoir a l'hoſtel de Neuers par grande ſingularité.

*Diſcours prins des autheurs, touchant ce qu'ils ont eſcript du poiſſon nommé* Orca. *Chap.* XLVIII.

I'Auoye deſia deſcript ce poiſſon auant l'auoir nommé de nom antique: mais apres que i'eus long temps ſongé deſſus, & que ie trouuay tant de merques qui le me diſtinguoient du Marſouin, Chauldron, & Daulphin, ie ſongeoye quelle antique appellation il pourroit obtenir. Deſia n'eſtce pas *Priſtes* ou *Priſtis*: car il eſt manifeſte que le poiſſon que les Francois nomment vn Chauldron eſt *Priſtes*. Lequel ie n'ay point voulu deſcripre d'auantage en ce lieu (combiẽ qu'il euſt peu conuenir a ceſte matiere) pource que ie n'en auoye point la peincture. Auſſi n'eſtce pas *Phyſeter*, car il fault (ſ'il eſt vray ce qu'on en eſcript) qu'il ſoit plus grand poiſſon que ceſtuyci. Mais quand i'eus enquis, particulierement des noms que ceuls qui l'auoient amené luy bailloient & que i'eu entendu que plusieurs le nommoient vn Oudre, les autres vn Outre (vray est comme i'ay dict, que generalement le cõmun populaire le nommoient Marsouin) & sachant bien que vne Oudre tient l'appellation d'vn vaisseau a contenir de l'eaue ou du vin: & aussi que Orca tient le nom d'vn vaisseau en Latin signifiãt quasi la mesme chose que faict vne Oudre, il ne m'a esté trop difficile de luy trouuer vne appellation antique: veu mesmement que la propre appellation francoise me l'a enseigné. Ie l'auoye descript ignorant son nom ancien: & n'ay rien adiousté depuis en la description, sinon ce mot Orca: a fin que si ie failloye en le nommãt de ce nom ancien, sa description demeure entiere, pour celuy auquel il appartiendra. Toutes les notes de ce poisson me confortẽt a le nommer Orca, il fut ainsi nommé des anciẽs, pource qu'il ressembloit a vn long vase, que les anciens nommoyent Orca, lequel auoit deux bouts, ou extremitez estroictes, & estoit gros & rond par le milieu. Voila quant a la description du vase, dont il ha gaigné ce nom. Mais quant a la description dudict poisson recitee par les anciens, ie trouue aussi qu'elle soit correspondante en toutes merques a l'Oudre. Car Pline dict qu'il ne peult estre proprement representé ou descript sinõ d'vne grosse masse de chair aiant cruelles dents: & que son eschine est comme le dos d'vn bateau renuersé monstrant la carenne. Et qu'vn tel poisson fut veu au port d'Ostie a la bouche du Tybre: & qu'il fut cõbatu par l'Empereur Claudius, qui estoit lors a Ostie pour y faire edifier le port. Maintenant l'on peult iuger, que les medalles de Claudius Cæsar, esquelles il feist portraire vn Neptune assis dessus vn poisson tenant vn trident en la main, aient vne Orque ou Oudre, & que ce ne soit pas vn Daulphin qu'on y veoit portraict: aussi la peincture retire plus a vne Oudre qu'a vn Daulphin. Ce poisson dict Pline, auoit suiuy des cuirs d'ũ nauire qui venoit des Gaulles, qui s'estoit peri, & desquels s'estãt repeu plusieurs iours a Ostie, il s'estoit faict vn canal dedẽs le sable, ou seillõ dõt il ne pouuoit sortir, ne retourner en la mer: & ainsi deiecté au riuage, il demeura a sec, & luy apparoissoit seulemẽt le dos cõme la carẽne d'vn bateau renuersé, & que les souldards de l'Empereur luy coururent sus auec leurs picques & le tuerent, & qu'il en feist celle fois vn

spectacle

ſpectacle au peuple Romain. Qui vouldra en veoir d'auantage, & auſſi de la guerre cruelle qui eſt entre elle & les Baleines, liſe le cinquieſme liure d'Opian, & le neufieſme de Pline, car ie ne veuil racõpter toute l'hiſtoire: il me ſuffit d'en auoir eſcript ce qui me peult ſeruir a prouuer ce que i'en pretens eſcrire. Et auant proceder a ſon interieure partie, apres que ie l'ay deſcrite par le menu, il m'a ſemblé conſequẽment eſtre tẽps d'en bailler le portraict.

*La peincture de l'Oudre, que les Latins nomment Orca ou Orcynum.*

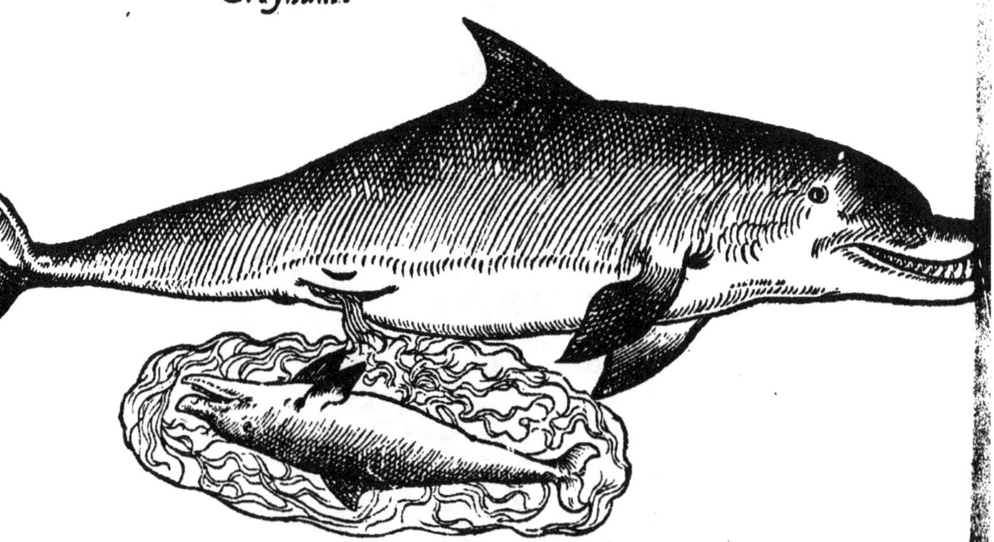

*N'aiant rien oublié a deſcrire en ce premier liure de ce qui appartient a l'exterieure peincture du Daulphin, & des autres que i'ay peu recouurer qui ſont de ſon eſpece, il m'a ſemblé eſtre temps de faire fin, & de commencer a ce qui reſte a eſcrire des parties interieures.*

*Fin du premier liure.*

# Le ſecond liure de

## L'HISTOIRE NATVRELLE DES ESTRANGES POISSONS MARINS,

AVEC LA VRAIE PEINCTVRE *& deſcription des parties interieures du Daulphin, & pluſieurs autres de ſon eſpece,*

Obſeruee par Pierre Belon du Mans.

ὀυ τῷ εἰδέναι θελύμενον ἀλλὰ τῇ εὐτυχίᾳ

A monſeigneur monſieur le reueren-
DISSIME CARDINAL DE CHASTIL-
LON, liberal Mecœnas des hommes ſtudieuls, entiere proſperité.

MOnſeigneur, aiant fini le premier liure, auquel i'ay amplement ſpecifié, ce qui appartient a l'exterieure deſcription tant du Daulphin, que de pluſieurs autres poiſſons de ſon eſpece: & baillé le portraict de beaucoup d'autres, leſquels i'ay faict retirer du naturel, ainſi que les ay trouuez a propos, pour prouuer ce que i'auoye entrepris de vous verifier: maintenant i'ay propoſé deſcrire en ce ſecond liure, les parties interieures, deſquelles ie bailleray les vrayes effigies, en preuue de ce que i'en diray: puis apres i'adiouſteray ſeulement quelque petit nombre d'autres peinctures des poiſſons conuenables a ceſte matiere, car combien que i'aye grand nõbre d'autres portraicts, leſquels vous auez veus, touteſfois ie n'y en mettray nonplus que ie trouuerray conuenir a ce que i'en eſcriray, craignãt que ſi i'enmettoye en ce lieu mal a propos, ne le trouuiſſies mauuais: veu meſmement que les reſerue a vous les ſpecifier en autre language, & auſſi en faire ainſi qu'il vous plaira le me commander.

# De l'affinité qui est es parties interieures de l'Oye ou Daulphin et du Marsouin conferees les vnes auec les autres. Chap.I.

Estãt ia arriué a la descriptiõ des interieures parties du Daulphin&des autres poissõs de sõ espece, il m'a sem blé estre cõuenable de cõmẽcer par la distinction des entrailles du Daulphin,cõferees auec le Marsouin. Car tout ainsi que les trois poissõs que i'ay dessus dicts ont grãd affini té en l'exterieur, aussi l'ont ils en l'interieur: qui est chose biẽ eui dẽte a qui les veult obseruer. Et cõme ils ont quelques particulie res distinctiõs par le dehors, tout ainsi les ont ils par le dedẽs. Mais a fin d'exposer toutes choses le plus succinctemẽt qu'il me sera pos sible, ie prẽdray chasque partie a par soy en faisãt cõparaisõ de l'v ne a l'autre. Et pour n'escrire tãt de redictes, il fault entẽdre que ce qui conuient a l'vn, peult aussi conuenir a l'autre. Les entrailles du Marsouin sont generalement plus robustes que ne sont celles de l'Oye ou Daulphin: car le Daulphin ha les intestins moult fra giles, & grelles au regard du Marsouin. La fistule de l'Oye qui en tre au conduict de dessus la teste, est moins aduancee leans que n'est celle du Marsouin. Touts deux ont les poulmons de sembla ble façon & en ce differents aux poulmons humains, qu'ils n'ont que deux lobes ou pieces, l'vn a dextre, l'autre a senestre: entre les quels est le cœur, semblable a celuy de l'hõme, excepté que l'hõ me estant vn animal qui se tient tousiours droict l'ha peu du des soubs, mais le Daulphi & Marsouin, estãts a dẽt, l'ont droictemẽt entre les deux pieces ou Lobes des poulmõs: & le cœur de l'Oye ou Daulphin, encor qu'il soit d'vn poisson sans comparaison plus petit que le Marsouin, si est ce qu'il sera plus grand & plus rond que celuy d'ũ grand Marsouin, voire fust le Marsouin trois fois plus grãd que n'est l'Oye. Le foye de touts deux, n'est sinõ d'ũ piece non plus que est celuy de l'homme, aussi est il semblable a celui de l'homme mais les petits l'ont quelque peu plus diuisé que n'ont les grãds. La ratte de tous deux, n'est toute en vne mas se, mais est esparse ça, & la, contre l'estomach attachee a de pe tits ligaments, & toutesfois celuy de l'Oudre n'est sinõ d'vne pie ce ronde, & la ratte du Daulphin est plus grande que n'est celle du Marsouin. Et tout ainsi que l'Oye ha le bec long, aussi ha il la langue de mesme: mais le Marsouin a qui le nez n'est pas long, aussi n'ha il pas la langue si longue. Les langues de touts les deux, ne sont pas du tout a deliure, parquoy Aristote dict que le Daulphin pourroit bien faire quelque bruit, comme font les muets: mais pource qu'il n'ha pas la langue du tout destiee & deliure, ne aussi les leures, il ne pourroit pronõcer vne voix articulee. Ie croy bien qu'il la puisse aduancer entre les dents, mais non pas la tirer iusques hors de la bouche. Elle est sẽblable a la lãgue d'vn animal terrestre, & principalement d'vn porceau, n'estoit qu'elle est frangee par le bord. La langue de l'Oudre ne l'est sinon vn petit par le bout de deuant. Il reste encor a dire vne merque infallible qui les distingue par le membre honteux: car le membre du Marsouin, estant mort, est aussi gros & grand, qu'est celui d'vn homme en vie quand il l'ha tendu, voire des plus gros qu'on sache trouuer: mais l'Oye, ne l'ha gueres plus gros qu'est le poulce, & ne passe pas huict ou neuf doigts en longueur. Touts deux l'ont poinctu comme ont les chiens, & aussi ont les genitoires qui sont longs cachez au dedens, gros comme vn œuf de poulle, & sont cartilagineux a l'extremité. Touts deux ont le pertuis de la gueulle moult estroicte: dont ie me suys souuentesfois esmerueillé commẽt ils pouuoient aualler de si gros poisson dõt ils se paissent, mais comme i'ay desia dict, il fault qu'ils se renuersent en les prenant, ou bien qu'ils se renuersent en l'eau pour aller gaigner le poisson qui naturellement s'en fuyt au fond vers terre, a celle fin de trouuer les algues & autres bagages a se cacher dedens. Mais le Daulphin qui n'aualle iamais vn poisson au rebours, s'aduance pour le prendre par la teste, laquelle il met la premiere dedens son gosier, & cõsequemment l'aualle dedens son estomach. C'est vne chose que i'ay facilement cogneu en plusieurs Daulphins & Marsouins que i'ay souuentesfois ouuerts, esquels i'ay trouuay plusieurs poissons que ie ne pensois pas qu'on les eust trouuez en l'Ocean. Car le Daulphin & le Marsouin aualants indifferemment toutes especes de poissõs en vie touts entiers, ont l'estomach fort calleux & dur par le dedens, & biẽ muni, contre les iniures des harestes des poissons qu'ils auallent comme Viues, Scorpiõs, Sargs, Perches, Pourpres, Orphies, Casserons, Seiches, Cõgres, Mullets, Rougets

Rougets,&autres ſemblables qui ont fortes hareſtes.Lequel eſtomach eſt ſẽblable a celuy d'vn porceau, mais il eſt quelque peu plus long:& qui le vouldroit remplir de liqueur, & le croiſtre en l'eſtendant,il contiendroit facilement trois quartes d'eau: qui ne eſt pas choſe difficile a croire, car meſmement ceuls de la mer Maieur ou Pont Euxin,enuoient les Cauiars rouges & noirs a Cõſtantinoble dedens les eſtomachs des Eſturgeõs:& ceuls de Mingrelie n'aiants vſage de pots ou vaiſſeaulx de bois, rempliſſent les pances des animaux de leur beure,ſoit de vaches ou brebis,qu'on apporte vendre a Cõſtãtinoble. Voila quãt a la Pãce ou eſtomach du Daulphin & Marſouin,auquel l'*Omentum* qu'on nõme en Francoys la Taye,eſt attachee au fond, comme elle eſt es autres animauls:& couure quaſi touts les inteſtins qui ſont deſſoubs, mais elle n'eſt guere graſſe,& eſt fort ſimple,& moult deliee. Le ventre inferieur du Daulphin,& Marſouin,ou ſont les inteſtins,eſt ſeparé par le diaphragme,de celuy d'enhault. Leur cœur eſt enuelopé dedens le *Pericardium* auec vne bien grande quantité d'eau clere enfermee leans:lequel ha deux aureilles, & deux ventricules, & pour le faire brief,il eſt en toutes ſortes ſẽblable au cœur humaĩ Pareillement les poulmons ſe penuent enfler de vent, ſ'ils ſont ſoufflez par la fiſtule ou fluſte qui eſt attachee a l'herbiere ou artere:laquelle eſt en ce differẽte a celle de touts autres, qu'elle ſoit a deliure. Le *Larinx* du Daulphĩ que les Erancois nomment la Luette,eſt longue comme vn petit tuiau que nous voions ſeruir de anches aux cornemuſes. auſſi eſt elle fichee en ſon conduict de la meſme maniere que leſdicts tuiaux ſont fichez en leurs boiſtes. Car la ſuſdicte Luette ou *epiglotis* qui ferme le conduict,eſt faicte a la maniere de deux petites charnures de la groſſeur & quaſi de la façon de deux demiesnoix,tellement qu'il n'y a aucune participation de conduict a reſpirer entrant en la bouche comme es autres animauls. Car poſé que tout autre animal & l'hõme ſe eſtouppent le nez,ils ne laiſſent pour cela a aſpirer par la bouche & auſſi reſpirer,mais il n'aduient pas ainſi au Daulphin,car le cõduict qui va a ſes poulmons,n'eſt aucunement percé en l'endroict du goſier,ains ha ſeullement vne cauité deſſus le front, au dedens, ſeparee en l'os d'vn petit entredeux qui eſt pource que ceſte fiſtu le cartilagineuſe ſ'en va inſerer dedens les deux dictes pieces ou lobes des poulmons.c'eſt par icelle qu'il fait bruire l'eau en reſpirant,car il l'a iecté en l'air de treſgrande roideur en ſaultant hors de la mer.

## *A ſcauoir ſi le Daulphin & Marſouin ſortants hors l'eau viennent en l'air pour reſpirer,ou pour aſpirer. Chap. II.*

I'Ay long téps eſté en doubte voiát le Daulphí & Marſouin venir en l'air ſcauoir ſ'ils venoiét aſpirer ou reſpirer .Et cóme ceuls qui nouët entre deux eaux , ont aſpiré auát ſe mettre en l'eau, & répllir leurs poulmós de vét, tout ainſi ſe peult dire de touts autres animaulx de mer qui ont poulmons ,comme Veaux, Tortues, Marſouins,& Daulphins,qu'ils viennent en l'air pour aſpirer & reprendre leur haleine. Mais il fault dire qu'ils y viennent pour faire touts les deux:car apres qu'ils ont eſté long temps en la mer ſans prendre haleine,la choſe qu'ils font la premiere eſt de iecter hors celui vét qu'ils auoiét porté en la mer,car ſortáts hors,on les oit bruyre en iectant du vent & de l'eau en l'air,& fault ſoubdain qu'ils en reprennent d'autre,car il n'y en ha point en la mer, tellement que qui auroit lié vn deſdicts animauls au fond de l'eau, il ſeroit incontinét ſuffoqué par faulte d'haleine. Voila quát aux inſtruments de la reſpiratió,& pourquoy l'on veoit tels animaux ſe monſtrer hors l'eau ſi ſouuent.Mais encor y ha vn autre poinct digne de plus grande contemplation, qui giſt en l'anatomie du Daulphin,& autres poiſſons cetacees,qui ne peult eſtre deſchifré ſans admiration de nature,cóme ie diray en ce ſuyuát chapitre.

## *Que le Daulphin ne ſe peult repaiſtre ſinon tourné a la réuerſe en prenant l'autre poiſſon Chap. III.*

CE poinct monſtre le grand ſoing de nature qu'elle ha des animauls qu'elle produict,c'eſt que ou les autres animauls ont l'artere encontre la gorge,ceſtuyci y a le goſier:qui eſt vne choſe qu'on peult facilement apperceuoir en luy fendant les maſchoueres auec vn couſteau,& ſuyuant iuſques a l'eſtomach. Car on ne trouuera point de pertuis qui reſponde a l'artere comme l'on veoit es autres qui ont poulmós.C'eſt ce que Ariſtote auoit voulu entendre quand il escript, que les Daulphins ont la gueulle au dedens de l'endroict du reuers & s'ils l'ont de la partie de la renuerse, aussi fault il s'ils veulent manger, qu'ils soient rẽuersez. Aussi dict il, *Os infra parte supina Delphini habent, quamobrem nisi conuersi resupinentur, cibum corripere nequeunt.* C'est la vraye raison qui rend les Daulphins contraincts de se renuerser, en mangeant & prenant leur proye en la mer.

## *De l'anatomie des intestins & autres parties interieures du Daulphin & Marsouin.* Chap. IIII.

LES foies de ces deux, & autres sẽblables, touchent le diaphragme, aussi sõt ils dessoubs la partie du dehors, & ẽbrassẽt l'estomach par dessus, & le munissẽt de touts costez: lequel est entẽdu en longueur. Leur *Pylorus*, qu'õ nõme vne Caillette en Frãcois, pource que les villageoises prennent la tourneure en telles Caillettes dõt elles font cailler leur laict: lequel *Pylorus* est si grãd, qu'il contient quasi la tierce partie d'autant, comme faict l'estomach, & aussi est long quasi de demy pied. Les autres intestins suiuants cestuyla, comme est le *ieiunium*, & le *Ileon* sont repliez en maints destours, comme nous voions es frases de veau. Et celuy qui est nommé *Cæcum*, n'est point trouué entre les intestins du Marsouin & Daulphin, & le intestin, ou est le pertuys de l'excrement qui est nommé *Rectum*, est contre la reigle des autres animaux plus gresle au Daulphin, que ne sont touts les autres intestins: & toutesfois il debueroit estre plus gros & plus large. Ils descẽdent d'en hault le lõg de l'espine tout droict, sans se destourner nulle part. Touts lesquels intestins, sont ainsi attaches au dos par la liaison des veines meseraiques, & par les ligamẽts, & par les tuniques du *Peritoneum*, en sorte que si on les destache d'vn seul endroict ou elles s'entretiennent, elles se peuuent enleuer toutes ensẽble. Leurs veines sont inserees par les extremitez au tour des intestins: qui võt se terminer a la grosse veine nommee *Porta*: laquelle leur est moult apparente & plus grosse que le doigt. Nous y auons compté douze costes de chasque costé, n'y comprenant point les claui cules, ne les autres courtes nõmees les faulses costes, sur lesquelles la veine *Azigos* est couchee au costé droict moult apparente, & s'estend en plusieurs rameaux en chascune des veines ou elle se va terminer.

Des

*Comparaiſon des mamelles du Daulphin contre celles de touts autres animauls. Deſquels les vns les ont en la poictrine, les autres le long du vẽtre, les autres aus eynes. Chap. V.*

SEmblablement auſſi eſt veue la veine caue, c'eſt a dire la veine creuſe, qui ſort du foie, laquelle il ha enflee plus groſſe que le doigt, plaine de ſang, eſtendue le long du dos: laquelle puis ſe depart en rameaux, & monte par le derriere du membre honteux de la femelle, & va porter l'aliment tant en la matrice que aux mamelles ou ſe faict le laict: deſquelles mamelles, ie parleray cy apres plus amplement. Leurs rongnons ſont gros de chaſque coſté & ſpongieux, leſquels i'eſtimoye au parauant eſtre les mamelles: mais les mamelles ſont cachees deſſoubs la peau entre les muſcles de l'epigaſtre le long du ventre, il eſt facile a les trouuer incontinent, ſi lon ſuit le petit bout exterieur: car enuiron d'vne paulme loing des bouts des tetins, il y ha vne charnure ou caruncule, qui s'eſtend en long, cõpoſee d'vne chair molle, ſpongieuſe & rouge, qui reçoit le ſang, tant des veines de la poictrine, que de celles des eines, lequel nature y conuerti en laict. Le Daulphin & Marſouin & pluſieurs autres poiſſons qui ont poulmons, n'ont que deux bouts es mamelles: mais nature ne l'ha pas faict ſans raiſon. car comme nous voions la femme enfanter le plus ſouuẽt vn ſeul au coup: auſſi nature ne luy ha donné que deux tetins, ſachant bien qu'ils peuuent ſuffire a vn ſeul. Semblablement les autres animauls aquatiques ou terreſtres qui n'ont qu'vn petit a la fois, n'ont eu affaire de pluſieurs mamelles: deſquels il y en ha qui les portent en la poictrine, cõme ſont les chauues ſouris, que Pline auoit au parauant eſcript, laquelle choſe i'ay n'agueres trouué eſtre vraye par leurs anatomies faictes dedens la grande Pyramyde d'Aegypte, & dedens le Labyrinthe de Crete. car i'ay veu les meres baillants a teter a leurs petits de leurs mamelles du lait qu'elles ont en la poictrine. Vne choſe qui m'a ſemblé digne de grande admiration en elles, eſt qu'elles ne font point nid. Car elles ſe pendẽt en l'air de leurs crochets des aelles, en allaictãts leurs

petits

petits qui ſont ſemblablement pendus aux pierres des voultes. Les Singes pareillement ont des mamelles en la poictrine. Ce qu'on ha auſſi eſcript des Sphinges. Mais les autres animauls qui ont grand nombre de petits a nourrir, comme Taulpes, Sangliers, Heriſſons, Porcs eſpis, & autres ſemblables ont eu beſoing de pluſieurs bouts es mamelles, leſquelles ſont eſtendues le long du ventre, comme nous voions es chiennes. Les autres qui ne nourriſſẽt qu'vn petit a la fois, comme Girafes nommees en Latin *Chamelopardales*, Elephants, Chameauts, Iuments, Chamois, Boucs eſtains n'õt eu affaire que de deux bouts. Toutesfois les tettes de to⁹ les ſuſdicts animauls ſont eminents au dehors. Mais ils ſont cachez au Daulphin de moult grand induſtrie d'autant qu'ils participẽt de l'artifice dont ha vſé nature en les deſſuſdicts. Car leur poſition eſt comme ſont les tettes de ceuls qui portent pluſieurs animauls, qui les ont le long des muſcles de l'Epigaſtre ou *Abdomen* ſinon qu'ils ſont cachez deſſoubs la peau. Mais les bouts des tettes du Daulphĩ que les Latins nõment *Papillas*, & que les Frãcois champeſtres appellent traions, ont leur ſituation a la maniere des animauls a quatre pieds, qui ne rendent qu'vn petit a la fois, leſquels nature luy ha cachez au dedens, pour la diſcõmodité qu'ils euſſent faict au poiſſon, ſ'ils euſſent eſté dehors, d'autant que cela euſt eſté empeſchement a ſa viſteſſe. Les vreteres du Daulſont veues manifeſtes deſcendre en la veſcie tant des maſles que des femelles: laquelle veſcie eſt auſſi grande comme celle de la Grenoille de mer. Nous l'auons enflee & emplie, ou nous auons trouué qu'elle contient vne chopine d'eau. Ne les Daulphins ne la reſte des autres de leur genre, n'ont point de fiel, qui me ſemble choſe eſtrange: car meſmement en mangeant expreſſeement de leur inteſtin nommé *Pylorus*, lequel eſt celuy qui enuoie les excrements au fiel, nous l'auons trouué amer, comme ſ'il euſt eſté participant de quelque amertume de fiel: & toutesfois ne l'eſtomach, ne l'autre inteſtin d'apres n'auoient point ce gouſt la, ne auſſi le foie, lequel quand il eſt bien accouſtré, eſt ſemblable en ſaueur & au gouſt du foye d'vn porceau: & de quelque endroict qu'on en ſache manger, il n'eſt point trouué amer. Si eſt ce que le fiel ſert grandement a touts animauls qui ont ſang, & eſt grand chose que le Daulphin qui est vn animal tant sanguin, n'en ait point, mais nature luy ha baillé quelque autre voye pour luy repurger le mauuais sang. Les autres animauls qui n'ont poît de sang, n'ont aussi point de foye & par consequent n'ont point de fiel. Combien que les Daulphins & Marsouins digerent toutes les harestes des poissons qu'ils auallent, lesquelles ils consommēt en l'estomach, voire les plus dures espines & harestes des poissōs, toutesfois ils ne digerēt iamais & ne consōmēt les pierres qui sōt trouuees es testes: car nous leur en auons souuentesfois trouué auec les excrements dedens le droict boyau, qui estoient prestes a mettre hors, & toutesfois elles estoient demourees toutes entieres, cōme *Cynedie, Synodótides, Triglites*, & autres pierres sēblables. Ils ont les intestis mal aisez a nettoier pour māger: si est ce qu'on ne les iecte pas a Paris: car l'on trouue assez de personnes friādes qui les achettent, & les habillent pour manger delicatement.

## *Que toute l'anatomie du cerueau du Daulphin, conuienne en toutes ses parties auec celuy de l'homme.* Chap. VI.

LA chose de ceste anatomie du Daulphin qui nous a esté la pl⁹ admirable & sēblé artificielle, est le cerueau & ses parties, car les nerfs qui vōt deux a deux, qu'on appelle les sept coniugatiōs. sōt beaucoup pl⁹ apparētes es Daulphīs, qu'ils ne sont es nostres mesmes. Et aussi quād l'os de sō test est descouuert de sa peau de dessus, il sēble propremēt estre le test d'vn homme: car qui auroit couppé le bec a l'Oye ou au Marsouī, le test en resteroit rōd, lequel regardé de toutes parts par le deuāt & par le derriere, par la sūmité & par les tēples, on le trouueroit mieuls ressēbler a celui de l'hom me, que nul autre test qu'ō sache choisir de to⁹ autres animauls: car il ha les mesmes sutures, qu'a le test de l'hōme, & entre autres notes les plus insignes sōt les os pierreux, nōmez *Lithoydi*: desquels il en a vn de chasque coste, & au dessoubs duquel le nerf de l'ouie entre au dedens du test. Ces os sont inegauls & durs cōme pierres creuses ou encauez par le dedens. I'ay parlé par cy deuant des sus dicts nerfs, qui se rendent es conduicts de l'ouye, lesquels sont si estroicts es petits, qu'on ne les peult gueres bien veoir. Car en

tant

tant que nature luy ha nyé les aureilles, elle luy ha baillé ces petits trous. Son cerueau est enclos de ses meninges ou membranes, qui sont fort robustes. Les ventricules & les destours du cerueau, sont correspondãts a celuy de l'hõme, & ha ainsi la posterieure partie separee de celle du deuant, dessoubs lequel cerueau les productions des nerfs tant *Optici*, *scolicoides*, *Adenes*, que les autres, sortent a couples hors le test, lesvns par l'anterieure partie du cerueau, pour venir aux naseaux, & aux yeulx, & a la lãgue: les autres par les costez, qui se referẽt aux ouyes & aux cõduicts de la sexte coniugation. Touts lesquels sont veus percer les meninges du test. Et d'autant qu'il est moult sanguin, les veines & arteres y sont veues plus apparẽtes. Or apres que i'ay amplemẽt descript l'interieure & exterieure anatomie du test du Daulphĩ, sçauoir est de la ceruelle & des os, suyuãt ce que i'ay par cy deuãt promis. I'en baille maintenant la peincture: laquelle ie fey premierement portraire en Italie sur celle qui est dessus la porte de la ville de Rimini, iaçoit que nous l'eussions au parauant veue a Romme chez maistre Gilbert, & a Bologne la grasse chez *Cæsar Odoneo* medecins: toutesfois nous en auons aussi a Paris en nostre puissãce, qu'vn chascũ pourra voir cõforme a ceste presente peincture.

*Le portraict des ossements de la teste du* Daulphin.

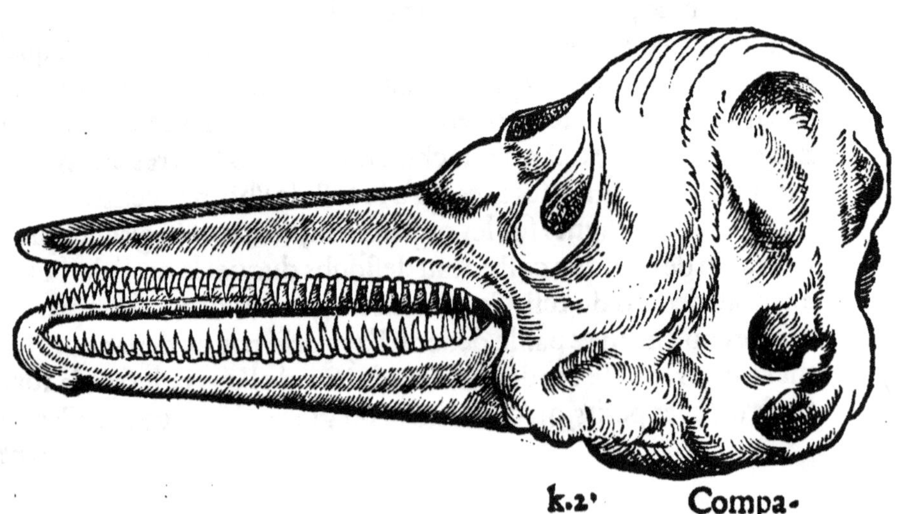

## *Comparaison faicte de la nourriture des petits Daulphins, es ventres de leurs meres, auec celle des animauls terrestres. Chap.* VII.

LES Daulphins ne les Marsouins & touts autres poissons Cetacees de leur espece, que nous auons peu obseruer, ne portent point plus d'vn petit a la fois. Et croy que nature ne leur ait voulu permettre autrement. Car les petits sont dix moys en leurs vẽtres, ou ils deuiennent moult grands, tellement que quand ils en sortent hors, ils sont desia d'vne iustitee grandeur. Et si les Daulphins en portoient deux au coup, il faudroit qu'ils ne creussent pas si grands dedens la matrice, car elle en seroit trop remplie, & n'y auroit suffisante espace dedens le ventre des meres pour les comprendre: veu mesmement qu'elles les rendent en vie desia parfaicts. Et encore que la matrice ait deux cornes, toutesfois elles sont assez occupees d'vn seul Daulphineau. L'vne des cornes de la matrice n'est pas si grande que l'autre. La queue du Daulphineau est quelque peu recourbee dedens la petite corne de la matrice, & aussi la secondine ou tunique en laquelle est enuelopé le petit, laquelle les Grecs nomment chorion, les Francois l'arriere fais, ha vne longue partie cõme vne queue pendante, qui est repliee iusques au fõd de la susdicte petite corne. Laquelle sort hors la matrice auec le petit, quãd il est paruenu au terme de sa iuste grãdeur, Elle est composee d'vne infinité de rameaux, de veines, ligaments, nerfs, & arteres, tellement qu'elle semble estre quelque mẽbrane saignãte moult espoisse: touts les vaisseauls dessus dicts dont elle est tissue, vont se referer de l'vn a l'autre, iusques a tant qu'ils soient paruenuz en vn corps composé de quatre rameaux qui est nommé *Vrachus*, auquel les Francois n'ont encor point trouué de nom propre a l'exprimer, sinon que en quelques lieux cõme au Maine, ils l'appellent la Trippe du nombril, les autres la corde: laquelle trippe ou corde va se inserer dedens les membres interieurs du petit, par le nombril. Les vns entrent d'vn costé, & les autres de l'autre. Car en tant que le nombril est colloqué au milieu du corps, l'vne partie du dict *Vrachus* descend contre bas. & l'autre partie monte contremont, scauoir est que la moitie va finir iustement en vne coche entre les lobes ou lopins du foye, assez pres de la veine caue, & nommeemẽt baillent le nourrissemẽt du du ſang & l'eſprit Vital, Animal, & Naturel, prouenant de la mere, enuoyé leans par leſdicts ligamẽts tant au cœur, au cerueau, & membres principauls, qu'au foye. Ce n'eſt donc pas merueille ſi les douleurs des matrices que nous nommons la mere, ſont ſi vehemẽtes, veu qu'elles ont ſi grãde familiarité & cõmunicatiõ auec les plus nobles parties de tout le corps, & auſſi que touts les corps ſont grandement tranſpirables, attendu que les petits meſmes inſpirent & aſpirẽt dedẽs les ſecõdines es vẽtres de leurs meres. Et pour prouuer ceſte choſe. Qu'on tue vn animal pregnãt & ſoubdain qu'on ouure la poictrine de ſon petit, l'on voirra remuer ſes poulmons & ſon cœur. Touchant ce poinct ie n'auray pas faulte de teſmoing de l'auoir veu en vn Chameau delaiſſe ſoubs ſa charge en vne plaine d'Arabie au voiage de monſieur le Baron de Fumet gentilhomme de la chambre du Roy, en deſcendant a la ville nommee le Tor du mont Sinai au riuage de la Mer Rouge. Ie n'ay point eu de Daulphí en vie qui fuſt pregnãt pour experimẽter cela, toutesfois le Daulphin ha toutes ces merques, mais il vit en autre element. Or le ſang enuoyé au foye eſt diſtribué leans & a l'eſtomach & aux inteſtins, ou il eſt cuict par la chaleur du foye: & entre par l'extremité des vaſes en chaſque partie interieure, tellement que toutes ſont nourries du ſang exterieur, que leur enuoie la matrice par la communication de la ſecondine. Et encore qu'il n'entre par la bouche en l'eſtomach, & de la aux inteſtins, ſi eſt ce qu'il n'y a partie de dedens qui ſoit oyſeuſe, car lon trouue meſmement le droict boyau, autrement nommé le gras boyau, en quelque temps qu'on le regarder touſiours plein de l'excrement prouenant du ſang, dont le petit eſt nourri. Car comme il reçoit du ſang exterieur dont il eſt nourri, lequel il ne peult tout digerer, par conſequent il fault qu'il ſen face de l'excrement: duquel quand il eſt ſuperflu, le petit ſ'en deſcharge en la ſecõdine, comme lon peult veoir chaſque fois qu'õ vient a l'ouurir, & en ce temps la le ſuſdict droict boyau nommé *Rectum inteſtinũ*, que i'ay dict eſtre le plus petit es inteſtins des peres, il eſt le plus gros es enfants. Voila quant a l'vn des rameaux de *Vrachus* qui monte au foye. L'autre partie des rameaux deſcẽd en bas, & ſe vient ſemblablement inſerer dedens la veine caue, en tenant la veſcie tendue contre mont, & diſtribue de cela quil porte tant aux veines des eynes que aux nerfs & arteres, pour nourrissement de toutes les parties interieures. Au milieu de ces quatre vaisseauls, il y a vn conduict qui se va rendre leans en vne membrane nommee des anciens *Amnios*, laquelle est robuste & claire, mais elle n'est pas du corps de la tunique du *Chorion* autrement dict la secondine. Car aussi est elle par la partie de dedens, composee de deux pellicules enfermee auec le petit dedens la secondine, esquelles est contenu vne liqueur ressemblant a l'eau, si non qu'elle est vn peu plus visqueuse, & y en a quantité selon l'eage du petit: car quand il ha six moys, on y trouue bien vne quarte de liqueur. I'eusse pẽsé que ce fust esté son excremẽt de l'vrine, n'eust esté que ie me suys trouué a la fin du moys de septembre & d'octobre en diuerses contrees & a plusieurs fois a les obseruer, auquel temps les Daulphineaux & Marsouineaux estoient encor si petits en leurs vẽtres, qu'a peine pouuoient ils auoir la grosseur d'vne noix, & toutesfois ils auoient desia ceste liqueur, auquel temps la secondine ou *chorion* estoit bien proportionnee a la grãdeur des petits, car consequẽment elle s'augmente & croist quãt & quant euls. Et ainsi suyuant le temps en portant leurs petits durãt l'hyuer, primtemps, & bonne partie de l'esté, les rendent a vne parfaicte grandeur: tellement qu'ils les peuuent garder dix mois. Et en cela ie vueil bien conforter le dire d'Aristote. I'ay obserué en plusieurs Marsouins & Daulphins ce que i'ay dict, car durant l'hyuer leurs petits sõt si petits, qu'ils ne sõt gueres plꝰ gros qu'est vn barbeau: & toutesfois ils ont desia grande quantité de liqueur claire dedens l'*Amnios*: & au primtemps estants fort proches de leur iuste grandeur, ils en ont plus grande quantité: & consequẽment l'esté ensuyuant estants paruenuz a terme, les femelles sõt trouuees deliures, & les petits qu'elles ont mis hors en la mer, incapables de se paistre d'euls mesmes: mourroient de faim, n'estoit que nature pouruoiant a tout ce qu'elle produit, aiant soing de les nourrir, ha dõné deux mamelles a la mere, dõt les petits bouts sont de chasque costé a vn poulce loing de leur membre hõteux, mais ils sont cachez au dedens, & le pertuis qui les cache est comme vne fente en la peau estendu en longueur: lesquels les petits tettent comme vn autre animal terrestre. Aristote ha dict toutes ces choses en moins de parolles, car il escript qu'ils portẽt dix mois

mois,& qu'ils vont deux a deux masle & femelle. Vn passage en Pline m'a semblé doubtable, quand il escript qu'ils s'acouplent au printemps. *Agunt* (dit il) *vere coniugia*. Et si ainsi estoit, il fauldroit pour les raisons que i'ay dictes, qu'ils enfantassent en yuer. Mais les autres exẽplaires de Pline ont, *Agunt ferè cõiugia*. Et quand ores on liroit *vere*, peult estre que ce mot n'est poĩt nom, ains aduerbe *verè*. De moy sachant qu'ils s'acouplent deux a deux & qu'ils ne se laissent point l'vn lautre, ie oseray penser qu'ils habitent indifferemment selon leur affection comme aussi font plusieurs autres animauls. Ou bien voiant qu'ils ont vn temps deputé par nature a s'engrosser & a enfanter: il me semble que ie ne fauldray point en disant qu'ils s'engrossent en la fin de l'esté, ou (cõme dit Aristote) en Autõne s'accouplãts masle & femelle, & se mettãts le ventre de l'vn contre celuy de l'autre, a la maniere des hommes: qui est vne chose qu'on a aussi escript des Ours. Reprenant maintenant les choses de plus loing, aiant par cy deuãt parlé des membres honteuls des masles, il reste a parler de l'anatomie de la matrice des femelles, & de leurs petits, & comme ils sont contenus dedens l'*Embryon*: car apres que i'ay trouué que les Daulphĩs commençoient des l'autõne a auoir forme desia gros comme vne noix, & qu'en yuer ils estoient de la grosseur d'vn Carpion, & ainsi voutez leans: & que au primtemps ils sont desia si gros qu'õ ne les peult empoigner des deux mains: & qu'en esté ils soient paruenus a quelque desmesuree grãdeur telle qu'on n'estimeroit pas: il m'a semblé en bailler la peincture, tant des petits que de la matrice, lesquels estoient au parauant enfermez d'vne tunique que i'ay souuẽt nõmee secondine, laquelle apres l'auoir rompue i'ay couché le petit dessus, & faict peindre ainsi attaché par le nõbril, comme le present portraict demonstre. Ce que i'ay nommé tunique, les Francois le nomment l'arriere faix, de laquelle (comme i'ay dit) l'vne des parties entre en l'autre corne de la matrice. Le petit est trouué creu leans en yuer de la grosseur d'un Carpiõ, alors il ha sa queue remplie a plat, mais sur la fin du primtemps il l'ha quasi en cercle luné: & ha l'hareste de dessus, couchee contre le dos: & si c'est vn masle, vn petit bout du mẽbre hõteux luy sort hors: & si c'est vne femelle, le mẽbre feminĩ apparoist fort euidẽt.

Ils ont auſſi les aelles couchees contre le corps. Les maſles oultre le pertuis de l'excrement en ont vn autre au deſſoubs: lequel pertuis n'eſt point trouué es plus grãds: & encor que i'aye voulu ſuyure ledict conduict, ie n'ay ſceu ſcauoir quelle part il va: car il ſe depart incontinent en deux rameaux. Les petits ont vne merque memorable, qui eſt vn enſeignemẽt de leur ſens d'odorer, ceſt que aux deux coſtez de la leure d'enhault aſſez pres de l'extremité du bec, ils ont des poils de barbe, qui ſortent hors la peau aſſez longuettes, & durs comme ſoye de cheual: leſquels poils ne ſont pas en l'vn comme en l'autre. Car l'Oudre en ha quatre de chaſque coſté, mais le Marſouin n'en ha que deux. Suyuant ce que i'ay promis bailler la figure d'vn petit auec ſa matrice, i'ay biẽ voulu premierement dire, que tout le portraict ainſi que ie le baille, eſt nõmé *Embryõ*: car aĩſi eſt nõmee toute la matrice entiere auec le petit.

*La peincture de l'Embryon d'vn Marſouin.*

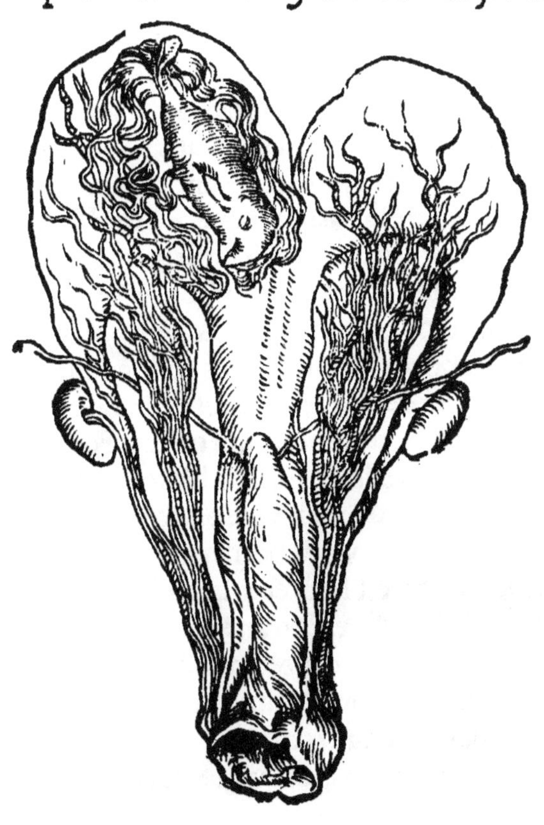

LE petit est en peincture dessus le *Chorion*, ou tunique, ou l'arriere taix, estendu sur la matrice, ainsi qu'il ha esté trouué dedens l'vne des cornes, auquel l'*Vrachus* est attaché au nombril. Les testicules de la femelle sont de chasque costé dessoubs les cornes de la matrice. Les vreteres de la femelle sont de chasque coste de la vescie, qui est peincte sur le col de la matrice. Voyla vne briefue explication de ce que l'œil veoit exterieurement.

## *Explication de ce que la susdicte peincture contiët interieurement.* Chap. VIII.

I'Ay desia dict que les membres honteux des Marsouins masles auoient plus d'vne paulme en longueur: sçauoir est autant que comprend l'extremité du poulce & du petit doigt, qui autremẽt est la mesure de douze doigts: & que les mẽbres des Daulphis n'estoient pas si lourds ne gros: & qu'ils n'auoiẽt point plus de huict doigts de longueur: par consequent aussi fault il croire que les femelles des susdicts, aient membre correspondant & proportionné aux masles: & que les Marsouines, aient autre cõduict que les Daulphines. Voulant donc maintenant poursuyure d'ordre a nõmer chasque chose de la susdicte peincture, ie commenceray au premier conduict de sa nature, lequel est fort spatieux par dedẽs, mais l'entree en est trõcee de rides qui la font estrecir: & combiẽ que la Daulphine soit blãche dessoubs le vẽtre, si est ce qu'elle ha le conduict honteux noir a l'ẽuirõ, & a vn poulce loing aux deux costez, il y a deux petits trous fendus en lõgueur, qui sõt les trous des mamelles: & au dessoubs de la susdicte bouche hõteuse, cõtre bas, est le pertuis de l'excremẽt, qui est fort rõd & petit au regard du dessusdict qui est tẽdu en lõg: & a l'ẽtree de ce dessus dit cõduict hõteux il y a quelq; petite pellicule ou ressort, qui pẽd de la partie d'enhault, laquelle ie ne vueil nõmer en Francois, cõbien qu'elle ait nom propre, car il est honteux: laquelle cache le conduict de l'vrine venant de la vescie. Entrant quelque peu au dedens l'on trouue deux callositez ou durtez des deux costez quelque peu esleuees correspondantes aux hymenes, lesquelles tiennent le pertuys du conduict honteux renfermé La capacité de ce conduict de la femelle, par le dedens, est longue de quinze doigts de l'inter ualle ou diſtance de l'vne entree ou bouche a l'autre: ſcauoi de celle du dehors a l'autre qui eſt interieure. Elle eſt fort tiſſue rides, qui la tiẽnent eſtrecie, & eſt moult blãche par le dedens, auſſi qui veult, elle ſ'eſtend en telle largeur, qu'on y pourroit faire entrer vn œuf par l'exterieure entree honteuſe, & le conduyre ſans le rompre iuſques a l'autre ſeconde entree, laquelle eſt la premiere cloſture, entrant par le dedens en la matrice. Ceſte ſeconde entree eſt moult eſtroicte, & pour la bien veoir, il fault la regarder par le dedens de la matrice, alors on trouue changement de couleur: car ou celle ſubſdicte capacité conſiſtoit en blancheur, alors elle prend fin ou la ſeconde entree commence, & la elle eſt compoſee auſſi d'vne cheuelure, qui eſt faicte des extremitez de pluſieurs veines & arteres, qui ſont de diuerſes couleurs, comme noires, rouges, blanches, bleuës, griſes, ſe touchants l'vne a lautre. C'eſt la que commence celle ſecõde capacité qui ſ'eſtẽd en la matrice, dedens laquelle le petit eſt enclos auec la ſecondine. La matrice eſt embraſſee par deſſoubs de touts coſtez d'vne infinie cheuelure de veines, qui ſe terminent par les bouts de toutes parts en ladicte matrice, leſquelles ſortent des rameauls de la veine caue, par le derriere du membre honteux, & ſuyuẽt par les coſtez montant contremont, & ſe inſerent par le deſſoubs ſur la matrice. Mais le petit eſt leans enuelopé de ſa ſecondine, laquelle ſort quant & quant luy, dedẽs laquelle il eſt totalement entourné de toutes parts. C'eſt vne note qui ne conuient pas a touts animauls qui rendent leurs petits en vie, ne meſmement aux poiſſons cartilagineux. Car les *Rhines*, que les Francois nomment Anges de mer, & les Rouſſettes & les Chiens de mer, rendent leurs petits en vie, leſquels ne ſont pas enuelopez de tuniques, mais ſeulement ſont conioincts de l'*Vrachus* par le nombril a la matrice: nous auons trouué telle fois qu'vn chien de mer de petite corpulence en porte vnze d'vne ventree, mais diſpoſez en ſorte que la teſte en ſort la premiere: choſe cõmune a touts animauls.

*Que pluſieurs animauls rendent leurs petits ſans ſecondines, mais qu'ils auoient eſté formez en œufs en la matrice.* Cha. IX.

QVant a ceuls qui ſont ainſi attachez a la matrice par le nõbril ſans

ſans tunique, il fault entendre qu'ils aiēt premieremēt eſté leans creez en œuf: & puis de la petit a petit prēnent leurs formes dedēs les ventres, dont a la parfin ſont produicts les petits, leſquels en-apres les meres mettent hors touts nuds ſans ſecondine. Voyla quant aux poiſſons cartilagineux qui en naiſſant ſont exclos ſās aucun enueloppement. Mais des terreſtres la Salmandre rend ſes petits en vie ia parfaicts, & qui ſcauent cheminer des l'heure meſme qu'ils ſont hors: & de quarāte ou cinquāte qu'elle rend, il n'y en a pas vn ēuelopé de tunique, nō plus que les petits de la Vipere, laquelle rēd auſſi ſes petits en vie, ſās ſecōdines: car ſes petits furent premierement en œuf en la matrice, mais a les eſclorre elle les rēd ſās tuniques, cōme maiſtre Pierre Geodō, treſexpert appoticaire, ha veritablemēt obſerué. La Chauueſouris auſſi, rend ſes petits en vie ſās tunique: ce que ne fōt les Rats, Souris, Taulpes, & autres a qui elle eſt ſēblable. Les Inſectes auſſi cōme ſont l'phalangiōs, & Eſcherbots, cōçoipuent ſēblablemēt les œufs en leurs ventres, dont puis eſt procreé l'animal ſans tunique, lequel ils gardent ia parfaict ſoubs leurs poictrines. Mais le Daulphin, le Chauldron, l'Oudre, le Veau de mer, & la Baleine, ne font pas ainſi: ains font leurs couches ſans l'aide de ceuls qui relieuent les petits, & toutes fois il ne laiſſe a ſortir grande quātité de ſang du nombril du petit qu'ils enfantent, & principalement quand ils ſeparēt les tuniques ou ſecōdines. Et fault neceſſairement apres que le petit a eſté rendu hors la matrice de la Daulphine, que la mere luy ſepare la ſecondine auec les dents, & la luy couppe & ſepare du nōbril, comme auſſi font touts autres animauls a quatre pieds, ainſi qu'ils ſont apprins de nature. I'auoye ceſſé de parler des veines qui ſortent du corps de la veine caue, & entrent par les eynes en la matrice, qui ſont celles qui baillent la nourriture au petit: laquelle nourriture luy eſt premieremēt cōmuniquee par le moyen de ſa tunique: car elle eſt comme vne eſponge humide, laquelle appliquee a vne autre, la rend humectee, tellement que de la matrice, le nourriſſemēt peult facilement paſſer a la ſecōdine, laquelle n'eſt auſſi qu'vne maſſe de veines, non plus qu'eſt la matrice. Ceci ne ſoit trouué difficile car toutes ſe rēdent a l'*Vrachus*, qui eſt vn ſeul corps ou ſe referēt toutes autres ligatures de la ſecōdine a ſon nombril. La matrice des Daulphins eſt cochee a la summité, car elle ha deux cornes qui se retrecissent contre bas, lesquelles sont voultees de chasque costé a la maniere d'vn arc tẽdu: & croy que nature l'a faict pour donner lieu a l'estomach, & a chasque corne il y a vn genitoire, qui sont deux en nombre, beaucoup moĩdres que ceuls qu'õ veoit es masles, lesquels enuoiẽt vn conduict de chasque costé qui se rẽd aux parastates, pour porter la semence laquelle ils ne rendent pas en la matrice, car les vaisseaux la conduisent dedens la capacité du membre honteux de la femelle, & non pas en la matrice, sçauoir est entre les deux cõduicts ou ouuertures du membre hõteux, que i'ay desia descript, mais plus pres de celle de la matrice que de lautre exterieure. Laquelle chose se peult prouuer, comme ie d  iy cy apres: mais il fault premierement entendre que c'est la raison pourquoy quãd les femelles ont conceu, encor que la semence soit entree par l'ouuerture de leur matrice, & que la matrice soit si estroictement fermee durãt qu'elles sont grosses, qu'il n'y entreroit ne sortiroit de leans chose qui fust de la grosseur d'vne poincte d'esguille delie, toutesfois estants ainsi pregnantes elles ne laissent pourtant a iecter leur semence & la mettre hors par le membre hõteux que i'ay dict quand elles s'accouplent auec le masle, tout ainsi cõme quand elles n'estoiẽt pas grosses. Or si cela est vray que la matrice soit si estroictement fermee quand elles sont grosses, aussi fault il qu'il soit vray que leur semence ne passe pas par dedens la matrice, car elle y demeureroit enfermee auec le petit: mais comme i'ay dict, la semence des femelles suiuant le conduict des parastates, passe par les costez de la matrice, & est rendue a l'entree de dedẽs la capacité du mẽbre honteux, lequel puis ne l'empesche poĩt de sortir. Ceci soit entendu de toutes especes d'animauls. Mais le petit Daulphin, ou autres de son espece, estant en la matrice, porte plus sur l'vne corne que sur l'autre, laquelle est plus spatieuse & large que n'est l'autre qui est vuyde.

### *D'vn Marsouineau troué au ventre de sa mere, lequel pource qu'il estoit si grand, fut presenté au Roy Francoys. Chap. X.*

IE ne veul passer oultre sans escrire vne chose notable que i'ay ouy

ouy racompter touchant le Marsouin. C'est qu'il soit aduenu a vn maistre d hostel de chez le Roy, d'auoir trouué vn si grãd Marsouin dedens le ventre de sa mere, qu'il ne le peut veoir sinõ par grand admiration, parquoy il le trouua d'autant plus digne de le faire veoir au Roy Francoys, lequel fut si grand admirateur des œuures de nature, qu'il vouloit expressẽent qu'on luy presentast tousiours quelque chose de nouueau, aussi on ne luy presenta onc chose tant fust petite, qu'il ne l'estimast grandement, & vsast de grande liberalité a celuy qui la luy presentoit. Mais apres qu'il eut veu vn si grand poisson qu'on auoit trouué au vẽtre d'ũ Marsouin, alors il commanda qu'on luy appellast ceuls desquels il attendoit en auoir certain iugement, mais ils furent d'opinion touchant cecy, que le Marsouin l'auoit ainsi aualle: disants que les poissons se mengeoient l'vn lautte, non sachants que les Marsouins portassent leurs petits si grands, & qu'ils les rendissent en vie. Or ceste fois la on auoit aussi amené vn poisson Chauldron quant & le Marsouin, lequel Chauldron il voulut veoir departir en pieces, & le bailler aux Souisses de sa garde, car il n'en voulut pas manger. Toutes lesquelles choses ie n'ay pas veu moimesme, mais ceci me fut dict en regardant ouurir vn Marsouin a sainct Germain en laie, presents les Escuiers & quelques maistres d'hostel, qui disoient en auoir trouué vne cinquantaine de petits en leurs vies es ventres de leurs meres: mais qu'ils n'ont souuenance d'en auoir onc trouuué plus d'vn petit au coup. Semblablement nous auõs tousiours eu soing de recouurer les petits de ceuls qu'õ apportoit aux halles a Paris, car la coustume est de les enuoyer iecter en la riuiere. En sorte que nous en aions eu telles fois quatre a vn iour de vendredy, du moys de May. Mais ie n'en sceu onc veoir plus d'vn a la fois, combien que ie seroye bien d'opinion qu'ils en peuuent auoir deux, comme Aristote l'ha escript. Voyla touchant le nombre des petits que le Daulphin, & Marsouin portent en leurs matrices.

*Description de l'interieure anatomie de l'Oudre, que les Latins nomment Orca.* *Chap. XI.*

Afin de distinguer chasque chose en son chapitre particulier,

L.3. apres

apres que i'ay baillé l'anatomie interieure,& tout le discours tant du Daulphin que du Marsouin,i'ay bienvoulu bailler l'anatomie interieure du susdict grand Marsouin que i'ay nommé vne Oudre,dont i'ay desia descript l'exterieure.Et fault noter que l'anatomie interieure du Daulphin,du Marsouin,& de l'Oudre est semblable en toutes choses.Et en regardant exactement, & cherchãt quelque merque qui les discernast,ie n'ay trouué differẽce aucune,sinon en la ratte,que l'Oudre ha d'vne seule piece:& la langue qu'elle n'ha pas cochee,sinon vn petit par le bout. Cela est tout arresté & manifeste,que iamais toutes ces especes, ne font leurs petits qu'en temps d'esté:car oultre que Aristote hommeveritable nous l'ha asseuré,nous l'auons aussi trouué par experience,suiuant l'obseruation que nous en auons faict iournellement. Il ne reste rien d'insigne a descripre de l'Oudre sinon, qu'il luy aduient (comme aussi au Marsouin, Daulphin,& Baleine)d'auoir la gueule estroicte,& le conduict de la gorge depuis la langue iusques a l'estomach de la partie du reuers,c'est a dire que le tuiau de l'artere est entre deux:tellement qu'elle ha la gueule de la partie du reuers:aussi fault il qu'elle se renuerse a la maniere de la Baleine,& des autres poissõs qui ont poulmon.On luy trouua diuerses sortes de poissons dedens l'estomach,cõmeRayes,Gournaux, & Viues. Semblablement auoit le foye sans fiel,& mesmes poulmons & diaphragme que le Daulphin:& si grande quantité d'intestins,que a peine y en auroit il autant en vn bœuf.

*Qu'il n'y ait point de difference en la description de la matrice du Daulphin,auec celle de l'Oudre ou Orca.* C.XI.

IE n'escriray autre chose de sa matrice,en tãt que i'ay faict peidre celle du Marsouin,a laquelle celle de l'Oudre est semblable. Toutesfois i'ay aussi biẽ voulu faire peĩdre le petit Oudreau dess⁹ sa tunique ioignãt sa mere,ainsi que le peinctre industrieux maistre Francois perier l'a veu hors de sa matrice,ou le petit est quelque peu replié,tout ainsi qu'est celuy du Daulphin: il ha quatre petits poils de barbe de chasque costé des leures. Les Marsouineaux n'en ont que deux:& toutesfois nul des grands ha ceste chose

la,

la,& mesmement Aristote s'esmerueille, que il n'y ait aucune apparence des conduicts du sens d'odorer es Daulphins: lesquels toutesfois odorent soigneusement, laquelle chose ie puis aussi biẽ referer au Marsouin & Oudre. Les susdicts poils tumbent aux Oudreaux en croissant: & quand ils ont passé demy an, il ne leur en demeure aucun vestige, ne de poil, ne de pertuys. Les petits Oudreaux sont beaucoup plus camus que ne sont les meres: car de force qu'ils sont camus, ils ont vne coche enfoncee dedens le front. Oultre la secondine encor ha vne petite pellicule deliee, qui est la premiere peau dont ils sõt couuerts, laquelle est moult delicate & tendre & polie: car celle qui est par dessus le dos, ne est sinon vne confusion de veines tressees. Et les ligaments de sa secondine, qui sont attachez au nombril, sõt marquettez de quelques asperitez, comme s'il y auoit des petites perles semees par dessus: lesquels sont aussi au Daulphin, & au Marsouin.

## *Comment la chair du Marsouin est distinguee de celle du Daulphin, & a scauoir quelle est la meilleure.* Cha. XII.

LES viuendiers & autres gents qui voient iournellement trencher les Oyes ou Daulphins, & les Marsouins es poissõneries, scauent bien lequel des deux est le plus requis pour estre le meilleur a manger. Et combien que les interieures parties des deux comme sont les trippes, foye, poulmon, & le cœur, ne soyent pas eu goust si differents qu'est la chair, toutesfois auant escripre le goust d'entre leurs chairs ie vueil premierement donner vne particuliere note qui distinguera l'vne de l'autre quand ils serõt veus trenchez dessus l'estal en pieces. C'est que le Daulphin ou Oye n'est pas si gras qu'est le Marsouin. Et pour autant que le Daulphin n'est pas si gras, aussi est de meilleur goust, & beaucoup plus profitable & plus delectable que n'est le Marsouin. Par cela ceuls qui sont coustumiers de veoir souuent touts les deux & en acheter, prennent plus voluntiers du Daulphin ou Oye que du Marsouin, suyuant le prouerbe Francois qui dit, que les plus maigres poissons sont les meilleurs: c'est a dire que ceuls qui sont naturellement gras, ne sont pas si bons que ceuls qui sont naturellemẽt maigres. Mais qu'vn Marsouin ou autre poisson gras de nature, extenué & amaigri soit bon, cela n'entens ie pas, ains de to⁹ poissons de quelque nature qu'ils soient les plus gras en leur espece sont tousiours les meilleurs. C'est assez parlé d'vne telle viande comme est celle du Marsouin & du Daulphin, dont ie me esmerueille comment elle soit deuenue tant chere, qu'il n'y ait que les grands seigneurs qui en puissent auoir, & toutesfois il n'y ha autheur qui ait iamais dict qu'on en mengeast anciennement.

### *Que les anciens n'auoient point accoustumé de manger du Daulphin. Chap. XIIII.*

QV'on lise les escripts des autheurs anciens, tant des Philosophes & aussi medecins, que des modernes, & si lon en trouue quelqu'ũ qui ait iamais escript, qu'on ait anciennement mãgé de la chair du Daulphin, ne qu'elle fust iamais mangee de leur tẽps, ie suys content qu'on ne me croie pas. Galien ha bien escript, que les grands poissons deuiẽnent meilleurs d'estre salez, & qu'õ pourroit bien manger du Daulphin, mais non pas qu'on en mãgeast, aussi pour bien le louer, c'est vne viande qui seroit plustost a laisser en la mer qu'a estre mise en l'vsage des hõmes, car mesmement ne les Loups ne les Regnards affamez n'auroient cure d'en mãger, encor qu'ils deussent mourir de faim, chose que no⁹ auons trouué estre vraie aux riuages du Pont Euxin, ou nous en auons veu vn mort, qui demeuroit sans estre mangé. Et croy que si les oyseaux & bestes sauuages eussent eu cure d'en manger, on ne l'eust pas trouué la tout entier. Et toutesfois il est au goust des Francois le plus delicieux de touts autres poissons: & monte a si hault pris detaillé & vendu en pieces, que souuentesfois vn seul sera vendu plus de cinquante escuts, aussi il n'y ha aucun autre poisson a qui l'on s'efforce de faire meilleure saulse qu'a luy, ne regardant point a la despẽse qu'on y faict pour la faire bonne. ie seroie bien d'opinion que de n'en manger point seroit pour le meilleur.

## *Que l'artifice des hommes puisse excuser le default de nature, & donner bonne grace au mauuais goust des poissons.* Chap. XV.

SVyuāt cecy, ie veul racompter combien l'artifice des hõmes peult adiouster a nature: car les paoures mariniers & pescheurs, aiants pris des poissons qui d'euls mesmes sont de saueur ingrate, comme sont les especes de Chiens nommez en Latin *Galei*, ou plusieurs autres cartilagineux, comme *Lamia*, *Amia*, & cestui ci que i'ay icy portraict nommé *Zygena*, ou *Libella*: ils leur sçauent faire vne saulce si propre, que la saueur de la saulce surpasse la saueur ingrate du poisson, laquelle leur oste la mauuaise odeur, & les rend delectables: & tout ainsi que les plus riches font telles saulces auec bonnes Muscades, Girofles, Macis, & Canelle battue, Beurre, Succre, Vin aigre, Pain rosti: lesquelles choses les cuisiniers asaisõnent si bien au Marsouin, que encor qu'il sentist le Regnard escorché, toutesfois ils le rendrõt d'vn goust plus friād, & d'vne saueur plus exquise que ne sont les Rougets, Barbez, ou Lāproyes, Aussi les paoures gents n'aiants point tant de choses a commandement, aiants tant seulement des aux & des noix, qu'ils battent auec du pain & de l'huille, & du vin aigre, ils feront vne saulce a leur poisson, qu'ils rendront a leur appetit si delicieuse qu'on n'en peult māger, si non par grande singularité: & telle maniere de saulce est generalement cogneuë de touts pescheurs, qu'ils nomment vulgairement de l'Aillade.

*Le portraict de Libella que les Grecs nõment Zigena, & les Romains Vna Balesta, c'est a dire vne arbalestre.*

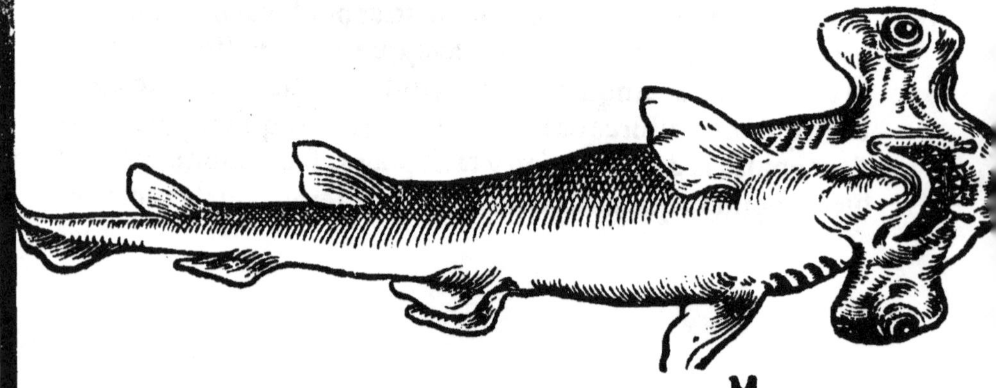

IL fut vn temps qu'on auoit accoustumé de iecter les deux aelles ou bras & les queues des Daulphins,& Marsouins,ou biẽ les attacher aux portes:mais ie ne sçay quelle nouueauté ha inuenté que maintenãt on les prefere a toutes les autres parties du corps, chose que i'ay apprise a Rouẽ:car ceuls qui ont le droict des poissonneries,apres qu'ils ont faict deliurer les Daulphins aux poissõnieres :elles leur raportent les trois pieces pour leur droict, qui sont les deux aelles & la queue.

## *De l'anatomie des os du Daulphin, Marsouin, & Oudre.* C.XVI.

I'Ay escript tout l'exterieur& l'interieur de l'anatomie du Daulphin,Marsouĩ,&Oudre.Il reste a parler quelque chose de leurs os.Il me souuiẽt auoir trouué vn Schelete tout entier d'vn Daulphin,au riuage du *Bosphore Cimmerius*, celle fois que nous estions allez auec monsieur *Gillius*,veoir quelle latitude il auoit en ce destroit d'vne riue a l'autre:lequel *scheletos* ou compaction des ossements,osté qu'on n'y trouue point les ossements des iambes,il est semblable a celuy de l'homme, & y peult on discerner vingt & quatre grosses vertebres:dont celles qui descendent iusques bien pres du pertuys de l'excrement,sont percees en icelle part,ou est la mouelle qui descend depuis le test le long de l'espine du dos. Mais les autres vertebres qui descendent iusques a l'extremité de la queue,sont seulement comme frequentes petites rouelles rondes,attachez les vnes contre les autres sans estre percees. Aussi la queue est seulement composee d'vne matiere nerueuse sans autres ossements. Mais les aelles ou bras des deux costez du Daulphin,encor qu'ils soient courts,si est ce qu'ils ont touts les mesmes ossements de l'homme. I'ay dict par cy deuant combien il ha des costes,i'adiousteray qu'il ha les os du sternõ pl⁹ approchãts de l'humain,que les animauls a quatre pieds. Au surplus il ha les omoplates qui sont appellees en Francois les palettes. Aussi ha les clauicules,qui se peuuent bien recognoistre d'auec les autres ossements. Et consequemment l'os du coude y est trouué seul,comme il est en nous,& en apres le *Radius* & *Vlna* cõioincts ensemble, dont l'vn est plus grand,& l'autre plus petit, tout ainsi comme il est es hommes. Il ha aussi vne main eslargie en cinq doigts: & esquels doigts,lõ trouue les articulatiõs:& cõmençant au poulce,lõ

y

y trouue,deux os,au second d'apres trois:au maistre doigt qui est le plus long de touts les autres,il y en ha quatre,& a lautre d'apres trois:& au petit vn.Semblablement on luy trouue les os des pongnets *inCarpo*,au dedens de la main.I'ay parlé des ossements de la teste,dont i'ay baillé la peincture:& m'a semblé auoir satisfaict aiant deschifré succinctement l'anatomie de ces os.

*Que les Daulphins soient pris plustost par hazart que de propos deliberé,& de la maniere de les pescher.* C.XVII.

I'Ay descript ailleurs plusieurs manieres de pescher les poissons que i'ay obseruees au Propontide,lesquelles i'ay mises en descripuant les singularitez des pais estranges. Maintenant ie veul seulement parler de la maniere qu'on ha accoustumé d'vser en peschant les Daulphins en nostre mer,lesquels sont pris plus souuent par fortune que par aguet:car a dire la verité,les poissonniers qui tendent les filets de propos deliberé pour prendre les autres poissons,n'esperent pas que les Daulphins y viennent frapper pour se prendre:& toutesfois lesDaulphins sont plus souuent pris par telle maniere que autrement. Voila quant a vne maniere de les pescher. Les Daulphins estants contraincts de sortir souuent pour prendre l'air,&puys retournants en la mer a leur pasture,sont guettez des mariniers.car incontinent que les mariniers les ont veu approcher de leur vaisseau,ils se preparent sur le bord du nauire auec des Harpons,attẽdants que les Daulphins & Marsouins retournent prendre l'air vers le vaisseau:alors ils les sifflẽt a fin de les faire approcher plus pres.Et si les mariniersles veoient a leur auantage,ayants le Harpon esleué,tenu du bras dextre en l'air,auec bõ pied bõ œil,ils dardẽt le Harpõ: lequel est attaché a vne cordelle lõgue de plus de vingt ou trẽte aulnes,a fin qu'elle suiue auec le Harpõ quãt & quãt le Daulphĩ: & quand le Daulphin qu'ils aurõt atteint sera descẽdu,biẽ bas,&sera prest de retourner cõtremõt,alors les mariniers petit a petit retirãs leur cordelle,l'attirẽt iusques au bord du nauire:& soubdain qu'il y est, ils õt quelques fourches recrochees,desquelles ils le tirẽt dedens le nauire. Ceste cordelle ainsi longue attachee au Harpon, sert que quand ils l'ont atteint dessus le dos, qui est beaucoup mol, ils l'ancrent si auãt,en sorte que le Harpõ y demeure fiché.

Car il ha les arrests des deux costez, qui ne sortent pas aiseemẽt. Toutesfois si le harpon n'estoit attaché a si longue corde, le Daulphin se sentant frappé, de la vistesse qu'il desloge, il deschireroit plustost sa chair, qu'il n'eschapast. Et pour euiter la premiere violence & secousse, on l'attrempe auec tel artifice. Ce que nous nõmons Harpon, les Italiens l'appellent *vna Delphiniera*. Les mariniers qui vont en voiage loingtain, en portent expressement en leurs nauires pour lancer indifferemment sur toutes especes de poissons *Cetacees*. Et cõbiẽ que i'ay dict que les Italiens ne mãgent point de Daulphin, i'entens du commun peuple, qui aiant d'autres choses a commandement, n'estime rien la chair du Daulphin ou Marsouin. Mais les gents de marine, estants sur mer en leurs vaisseauls, & principalement sur nauires qui ne touchẽt terre quasi pas en vn mois ou deux vne fois, n'auroient esgard a mãger d'vn Regnard de mer, cõbiẽ qu'il est du plus mauuais goust qu'õ sache poĩt trouuer en la mer, du quel la presẽte est la figure.

*Peincture du Regnard de mer.*

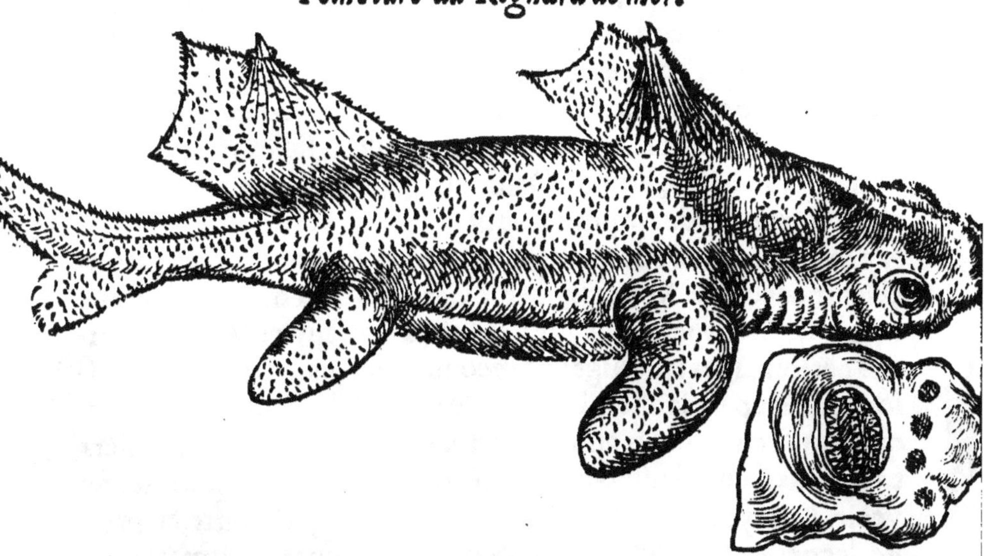

Voila donc vne maniere de pescher les Daulphins au harpon. L'autre maniere dont i'ay parlé, est qu'ils s'enuroullent & empestrent

pestrent quelques fois dedens les fillets qu'on auoit tendu a prendre les Celeris & Harẽs, & autres poissõs sẽblables: tellemẽt que ne se pouuants desfaire, demeurent prins en ceste sorte. On les frappe quelques fois de l'arbalestre, & de l'arquebouse en la mer, & aussi auec des picques: mais ils ne viennent pas en la puissance de ceuls qui les ont frappez: laquelle chose est aussi faicte rarement & se faict en temps calme lors que les mariniers sont de loisir, ne sachants a quoy s'amuser ne passer le temps.

## *Qu'õ ne salle le Marsouin & Daulphĩ sinõ en Frãce.* C. XVIII.

Entre les salures frãcoises des poissõs Cetacees ne cognoy que la Baleine, le Marsouĩ & l'Oye: dõt no⁹ ayõs quelque vsage, desquels il n'y a point es autres pais du Leuãt, mais ils en ont d'autres a l'eschãge, dõt aussi no⁹ n'auõs point d'vsage. Aristote ha entẽdu, que les poissõs nõmez en Latin *Cetacei*, sõt ceuls qui sont de grande corpulence & qui rendent leurs petits en vie: toutesfois les autres Grecs ne l'ont pas du tout ensuyui en ce dernier poinct: car ie trouue que le poisson nõmé *Ichtyocolla*, & aussi *Libella* ou biẽ *zygena*, & le Ton, comme les Roussettes & les Chiens de mer, ont esté nommez Cetacees. Dont les vendeurs de tels grands poissons, comme est la Tonnine, ont esté nommez *Cetarij*, qui indifferemment vendent toutes especes de poissons sallez en leurs boutiques. Les Marsouins & Daulphins peuuent bien estre escorchez pour en garder la peau iusques a quelques annees: chose que i'ay experimentee estre vraie, dont mesmement monsieur Rondelet medecin de Monseigneur le Cardinal de Tournon, docteur regent de Montpellier ne me desdira pas: car luy qui sur touts autres personnages est diligent a recouurer les peinctures des poissons, & qui en ha ia assemblé pres de mille differẽts, lequel cõbien qu'il eust veu plusieus autres Marsouins, & en eust les portraicts toutesfois il eut plaisir de veoir cestuy la ainsi rempli que ie lui fei veoir. I'auoye a dire ceci du Daulphĩ, Marsouĩ, & Oudre, en proue des peinctures des Daulphins que i'ay maintenu, & maintiendray estre les vraies. Quãt a l'anatomie que i'ay descripte ie veul bien faire entendre ne l'auoir faicte en cachettes, ains l'auoir faicte publiquement, l'an passé au College de medecine, lors que

Monsieur Goupil lisoit le Dioscoride en Grec, auec moult frequent & tresgrand auditoire, a laquelle anatomie assista vne multitude de plusieurs sçauants escoliers medecins : & m'asseure qu'il ne s'en trouuera vn de ceuls qui estoient presẽts, qui ne die que ie ne l'aye monstree beaucoup plus par le menu que ne l'ay descripte en ce present liure. Parquoy ayant ainsi touché les principauls poincts, & acheué ce que i'auoye a descripre, i'ay icy posé pour faire fin.

## *Vray portraict de Hippopotamus auec toute sa descriptiõ.* C.XIX.

EN descripuant le Daulphin, i'ay promis que ie comprendray quelques autres animauls, qui se referent a vn genre de ceuls qui sont nommez Cetacees: sçauoir est de ceuls qui sont de grande corpulence, & enfantent leurs petits en vie: desquels ie trouue que l'*Hippopotamus* en est l'vn. Car il est vn animal du gẽre de ceuls qui sont nommez *Amphibia*, c'est a dire qui viuent en touts les deux elements: c'est a sçauoir en l'eau, & sur la terre. Ie le veul dõc descripre auec le Daulphin, pource que le Daulphin est animal aquatique, conuenant en ce auec l'*Hippopotamus*, qu'il ne puisse viure lõg tẽps plõgé en l'eau, qu'il ne lui cõuiẽne pareillemẽt sortir pour respirer en l'air: mais l'*Hippopotamus* ha cela de particulier differẽt au Daulphin, qu'il est animal aiãt quatre pieds, & viuãt lõg tẽps sur terre, ce que ne faict pas le Daulphin. Parquoy faisãt fin, me taisãt du Daulphĩ, ie prẽdray l'*Hippopotamus*. L'*Hippopotamus* est vn nõ, que les Latĩs ont ẽprunté des Grecs, ne signifiãt autre chose qu'vn Cheual de riuiere: lequel iamais les Latins ne voulurẽt tourner en leur lãgue, aĩs l'õt tousiours retenu: sẽblablemẽt a leur imitatiõ en le descriuãt, ie retiẽdray la mesme dictiõ Greque d'*Hippopotamus*: duquel les autheurs ont parlé tãt diuersemẽt, qu'ils ne cõuiẽnẽt ensẽble en le descriuãt. Et tout ainsi que la Loutre, & le Veau marin, le Castor, & le Crocodille se peuuẽt tenir lõg tẽps en l'eau, & plus lõguemẽt en terre, sẽblablemẽt aussi faict le *Hippopotamus*. Quãt aux dessusdicts, ce sõt animauls esquels il n'y a difficulté aucune, mais elle est moult grande en l'*Hippopotamus*: duquel ie pretẽs bailler la vraie peĩcture. Car no⁹ l'auõs veu en vie, lequel auoit desia demeuré hors l'eau l'espace de deux ou trois ans sãs point y rentrer, selõ ce que nous en auõs peu entẽdre de ceuls qui en auoiét le gouuernemét. Pline a escript que *Marcus Scaurus* fust le premier qui le monstra a Rome. Pópee aussi triũphãt des Egyptiés en feit spectacle au peuple Romain. *Dion* escrit, que *D. Augustus* triũphãt de la Reyne *Cleopatra*, en feit aussi le séblable. Les anciens autheurs, qui ont descript l'*Hippopotamus*, ne l'ont pas descript fort amplemét: mais ont esté cótents de l'auoir passé legierement: & n'y a persóne d'étre euls qui en ait escript plus a la verité que Aristote: lequel ia soit qu'il eust peu lire la descriptió de l'*Hippopotamus* en Herodote en vne autre maniere: toutesfois il l'a mise autrement que n'a faict Herodote. De moy ie l'escriray n'aiant esgard a autre chose, sinó a ce que i'en ay veu. Et pour demóstrer la grãdeur de celuy que i'ay veu, il fault premieremẽt suppo ser qu'ó voie vn porceau biẽ gras, bien nourri, biẽ trappe, & assez hault, qui ait cómevne teste de vache sãs cornes: laquelle soit de mesme la reste du corps. Ce porceau dónera la perspectiue d'vn *Hippopotamus*. Car l'*Hippopotamus* est couuert d'vne peau qui cóuient auec celle du porceau, tãt en couleur qu'ẽ autres notes. I'entés vn porceau domestique qui n'est pas noir. Mais l'*Hippopotamus* a la teste si enorme & grosse, & la gueule si grãde quãd il l'ouure, que mesme le Lió baillãt n'ẽ approche aucunemẽt. tellemẽt qu'ó y mettroit facilement vn globe pl⁹ gros que n'est la teste d'vn hóme, ou autre chose séblable. il ha les nasceaus enflez cóme ceuls d'ũ Beuf: aussi paist il l'herbe a la mode d'vn Bœuf, ou Cheual. Il ha les leures si eminẽtes & esleuees, tãt celles de dess⁹ que les autres de dessoubs, qu'il en apparoist, tout cam⁹, ioinct qu'il ha le frót biẽ bas, a la maniere de l'*Orca*. Il ha les déts de cheual faictes de mesme faςó, biẽ fortes & lógues hors des maschoueres, qui ne sót pas aygues, cóme es animauls qui viuẽt de chair: car il vit des rouseaux & cãnes de succre & fueilles de l'herbe de Papier. Il ha les yeulx moult grands cóme les yeux d'vn Bœuf. Il ha sa langue du tout a deliure: mais ie ne sςay quelle grãde voix il fait. Biẽ est vray que Herodote ha escrit qu'il hẽnit cómevn cheual: ie lui ay seulemẽt ouy faire quelque voix du gosier ouurãt sa gorge. Il ha la queuẽ courte róde & grosse cóme d'vne Tortue ou Porceau. Ses aureilles estoient courtes comme celles d'vn Ours, rondes, & me semble aussi qu'il auoit les pieds ainsi que sont ceuls d'vn porceau, qui n'estoient pas beaucoup distinguees, voila quât a l'exterieure peincture de l *Hippopotamus*. Nous n'auons rien a dire de l'interieure: car aussi ne l'auons nous pas eu en nostre puissance pour le pouoir anatomiser. Au demeurant il me semble que ceuls qui ont pensé que *Hippopotamus* fust vn animal terrible & cruel, se soient trompez: car nous l'auons veu tant douls qu'il n'ha les hommes en horreur, ains les suit amiablement: & aussi est il tant pacifique & aisé a dompter, qu'il ne s'efforce de mordre. Le vulgaire des Italiens, & principalement de ceuls qui sont residents a Constantinoble, le nomment en leur langage le Bo marin, c'est a dire le Bœuf de mer. Car comme i'ay desia dict, il ha la teste comme vn Bœuf sans cornes: mais les Turcs & les Grecs le nommants en leur lãguage, ont vne diction qui signifie autant que si nous disions porceau de mer: car il ha le corps de porceau. C'est l'vne des bestes qui est en Constantinoble, que les estrangers qui viennent la, appetent le plus a veoir: mais il n'y ha personne de touts ceuls a qui i'aye onc parlé, qui me l'ait nommee *Hippopotamus*. Et combien qu'il y ait vn lieu en Constãtinoble moult voisin de l Hippodrome, sur le chemin de Saincte Sophie, auquel sont gardees les bestes cruelles, ou nous auõs veu des Lynces ou Onces, des Tygres des Lions, des Liepards, des Ours, des Loups: lesquels les Mores gouuernent, ne se faignants de les manier non plus que nous ferions vn chat priué. Toutesfois ils n'ont l'*Hippopotamus* en ce lieu la, mais ailleurs en vn lieu qu'ils nõment le Palais de Constãtin: auquel lieu sont monstrez les Elephants. Quand quelque estrãger vient la pour veoir ledict *Hippopotamus*, on le luy monstre dõnant quelque piece d'argent. Ils le font sortir de son estable sans estre lié, & sans auoir aucune crainte qu'il morde. Alors ses gouuerneurs voulãts plaire d'auãtage a celuy a qui ils le font veoir, ils se font bailler quelque teste de chous cabus, ou quelque piece de melon, ou quelque pongnee d'herbe, ou bien du pain, lequel ils tiennent en l'air en le monstrant a l'*Hippopotamus*: mais luy qui entent qu'on luy veult faire ouurir la gueulle. aussi l'ouure si grãde, que la teste d'vn Lion baillant, pourroit trouuer place leans. En apres son gouuerneur luy iecte cela qu il luy auoit monstré, comme qui le iecteroit en vn grand sac: laquelle chose l'*Hippopotamus*

mas-

masche,puis l'aualle. Voila que i'auoye a dire de l'*Hippopotamus* que i'ay veu en vie.

## *Que Aristote ne conuient pas auec les autres autheurs qui ont escript de l'Hippopotamus. Chap.XX.*

ET a fin que quelqu'vn ne pensast pas que ie me soye trompé en prenant celuy que i'ay nommé pour vn *Hippopotamus*: & qu'il fust vn autre,& m'allegast Herodote le plus ancien de touts les Historiens,qui dit que l'*Hippopotamus* est grand cõme vn grãd Bœuf,aiant queue de Cheual:& que l'*Hippopotamus* dont ie parle, n'ait pas cela:ou suyuãt les merques de Diodore qui escript qu'il ne soit guere moindre en grandeur que de sept pieds & demy, & qu'il ait quatre pieds, desquels l'ongle est fendu comme celle d'vnBœuf,trois dents de chasque costé,les oreilles hault esleuez,& plus apparentes que de nulle autre beste sauuage, & la queue & le hennissement semblable au cheual: & que celuy que i'ay cy dessus escript,ne conuienne pas non plus auec celuy d'Herodote que de Diodore: a cela ie respondray, que i'ay amené les merques bien notables que Aristote ha escriptes touchant l'*Hippopotamus*:auec lequel pourront conuenir celles que i'ay escrites du Bœuf ou Porc marin de Constantinoble: car Aristote ne veult pas que les Hippopotames aient le corps plusgrand que les Asnes:& aussi n'entent pas qu'ils soient du tout si grands:qui est vne moult repugnante note aux escripts des Historiens. Dauantage,il veult qu'ils ayent la queue de Porceau,& les dents de Sanglier,qui est semblablement contraire aux subsdicts. Voyla donc comment il y a grande controuerse entre leurs escripts,& qu'ils ne conuiennent pas ensemble. Mais quant a moy,ie me retireray tousiours d'auec Aristote. Et voulant bailler la vraie peincture de l'*Hippopotamus*,ie la veul prouuer par les anciennes statues des Egyptiens,& Romaĩs,ou biẽ par les antiques medalles des Empereurs Romains,esquelles les figures des Hippopotames sont si exactement representees en Porphyre,en marbre,en cuyure, en or, & argent,que facilement en les regardant,l'on cognoistra euidemment toute l'habitude de l'*Hippopotamus*, qui conuient auec celuy que i'ay veu en vie a Constantinoble. Aussi est il mal aisé a croire que quand les anciens ont faict si grande despense en la portraicture de ceste beste, la faisant grauer sur marbre, qu'ils ne l'aient faict veoir au graueur: & le graueur en faisāt son debuoir, n'a peu moins faire que de la representer au naturel. Or maintenant si celles qui sont grauees es marbres & en Porphyre, sont correspōdantes aux autres qui sont sur cuyure: ne dira lon pas, que ce soit vne mesme chose? Semblablement si les figures grauees sur metal & marbre conuiennent auec celle que nous auons veue en vie, pareillement ne conclurons nous pas, que ce soit vne mesme chose?

## *Que les Romains anciennement peignoient des fleuues ou riuieres, a l'imitation des Egyptiens, pour exprimer leurs richesses, & que l'Hippopotamus est represen̄té en la statue du Nil de Beluedér, a Romme. Chap. XXI.*

IE puis prouuer par plusieurs ātiques statues & graueures, & prīcipalemēt par celle tāt insigne & anciēne du Nil qui est maintenant a Rome au iardin de Beluedér, que l'*Hippopotam9*, dont ie parle est le vray *Hippopotamus*. Car anciēnemēt les Romaīs voulās laisser memoire d'euls a la posterité, & luy exprimāts ses richesses, faisoiēt entailler de tresgrādes statues qui represētoiēt les fleuues lesquelles choses ils auoient apprinse, des Egyptiēs, qui n'ont la fertilité en leur pais sinon par le benefice du Nil: lesquels le representants faisoient le portraict d'vn Geāt qui espādoit de l'eau, aiant autour de luy plusieurs petits enfāts iusques au nombre de treze, en signe des treze coudees de sa crue, & desquels le treziesme coronne son cornucopie. Mais les Romains voulants representer le Tybre faisoient faire entailler la figure d'vn tresgrand Geant qui auoit vne longue cheuelure, & aussi vne fort longue barbe, quasi comme limonneuse, ainsi assise tenant vn cornucopie en sa main: par laquelle ils vouloient signifier fertilité & abundance de touts biens & grande felicité: laquelle chose ils ne faisoient pas seulement d'vne seule riuiere, mais aussi de

touts

to⁹, autres cōme du Rhī, du Pau, du Tybre, & du Nil. Ils faisoiēt le Tybre accoudé dessus vne Louue allaictant Remus & Romulus. Mais le Nil est accoudé dessus vn Sphynge, & par la base de la pierre il y a plusieurs Hippopotames, Crocodiles, Ichneumons, & Ibis, touts en sculpture, ausquelles peinctures ie veul adiouster autant de foy, comme si i'auoye l'animal present : car il fault estimer que quand les Princes Romains les faisoient portraire, q'ils auoiēt l'Hippopotame present. Il y ha encor plusieurs autres sculptures d'animauls en la subsdicte pierre : mais i'ay seulement faict retirer vn Hippopotamus de la mesme figure quil est dessus la pierre de marbre, tenant vn Crocodile par la queue estant en l'eau, du quel ceste cy est le portraict.

*Le portraict de la figure, retiré de la statue du Nil, du iardin de Beluedér au palais du Pape a Rome.*

Chap. XXII.

N.2. Voyla

VOyla donc quant a la figure de l'*Hippopotamus* retiré des marbres tresantiques, duquel les tailleurs voulants ensuyuir le naturel pour le plaisir de leur prince, ont fort biẽ obserué toutes ces parties, lesquels n'ont rien oublié qu'on y sache desirer: comme lon peult veoir regardant les aureilles, les yeux, les narines, les leures, les dents, le col, les iarets, le dos, les costez, le ventre, la queue les iambes. Somme toute la reste de cestui animal, n'est rien differente d'auec celuy qu'on voit a Constantinoble: dont ie puys faire foy, mais non sans autheur. Car vn nommé Iaques Gassot, escriuant quelque petit discours du voiage de Constantinoble, entre autres choses qu'il ha escript de Constantinoble, ha touché ceste beste en quelque petite clausule, duquel les propres mots sont comme s'ensuyt. Il y a aussi (dit il) plusieurs lieux en Constãtinoble, ou lon mõstre beaucoup de bestes sauuages, Liepards Ours, Asnes sauuages, Autruches, en quantité, aussi vne certaine beste, que les vns appellent vn Porc marin, les autres Bœuf marin, mais ie ne veoy point qu'il ressemble ny a l'vn ny a lautre, & en verité c'est la plus villaine & laide beste que ie vey onc, l'on dit qu'elle a esté apportee du Nil. Tout cela disoit Gassot de l'Hippopotame, non pas (comme i'ay dict) qu'ils sachent a Constantinoble le nommer d'vn nom ancien, mais ils le nomment selon ce qu'ils en peuuent veoir a l'œil.

*Que plusieurs Empereurs, ayent anciennement faict grauer diuerses especes de bestes en leurs medalles, & que entre autres on y veoit la figure de l'Hippopotamus.*

*Chap.* XXIII.

APres que i'ay baillé la figure de l'*Hippopotamus* retiré du marbre, ie veul consequemment en bailler quelque autre retiree de l'or, laquelle l'Empereur Adrien auoit faict engrauer en vne medalle, en laquelle est contenu toute l'histoire du Nil tout ainsi comme en celle de Belueder a Rome. Mais pource que ie ne veul descrire ne les fleuues, ne les statues, ie retourneray a mon *Hippopotamus*, lequel monsieur le tresorier Grollier m'a permis retirer d'vne de ses antiques medalles d'or, dont il ha grand nombre, & duquel la figure que i'ay retiree est totalement semblable a celle

que

que i'auoye desia au parauant faict retirer des marbres de Rome, laquelle est tout ainsi en ladicte medalle comme on la veoit en la presente peincture. L'*Hippopotamus* est ainsi tout droict entre les iãbes de la statue qui represente le Nil, le quel n ha que ies iambes, de derriere dedens l'eau: & estoient sans articulatiõs en la medalle, mais ie luy en ay faict peindre, suiuant la peincture de la statue de Rome. La statue qui tient le cornucopie, n'est pas peincte selon qu'on ha accoustumé de peindre le Nil, car elle ha le visage d'Adrien. Le Crocodille est au dessoubs de la statue comme plongé dedens le Nil. Voila quant a l'Hippopotame que nous auons retiré de la medalle de mondict sieur le tresorier Grollier, le quel en ha encor plusieurs autres en argent & en cuiure, esquelles sont pareillement representez les Hippopotames en peincture, mais il me suffit en auoir faict retirer la figure de l'vne, qui cõuient aussi auec la beste qui est a Cõstantinoble que i'ay desia descripte: parquoy il me semble n'auoir point failly de l'auoir descrite soubs le nom de l Hippopotame. Sẽblablement oultre les marbres & monnoies, aussi en auons nous veu es Obelisques, qui n'auoient rien de differance auec les trois que nous auons desia descriptes.

*Portraict de l'Hippopotamus d'vne antique medalle de l'Empereur Adrien grauee en or, retiré d'vne des medalles de monsieur le tresorier Grollier.*

N.3. Pendant

PEndant le temps que nous auons esté en Egypte en la ville du Cayre, ie interroguay plusieurs s'il y auoit aucune nouuelle de ce Cheual de riuiere ou *Hippopotamus*: mais ils n'ẽ ont de reste que la fable en leur memoire. Quelques vns retiẽnent celle mesme qu'on en ha escript anciennement, sçauoir qu'il est fort terrible & cruel, & qu'il faille faire des fosses pour le prendre, toutesfois iamais hõme ne m'a sceu dire a la verité qu'il en ait veu d'autre que celuy que i'ay descrit. Celuy qui est a Cõstãtinoble, fut pris entre la ville qui est maintenant nõmee le Saet, & le Cayre: & mesmes ceux du Saet l'apporterẽt au Cayre au Bacha, ou il demeura quelques sepmaines attendant qu'on l'enuoyroit a Cõstãtinoble par mer. Cela est cõforme a ce que Pline en ha escrit. Car il dit qu'il est pris au dessus du Saet, entre les iurisdictiõs d'Egypte. Ie croy que c'est le mesme lieu ou anciennement furent prins les autres que *Marcus Scaurus* feit porter a Rome.

## *De la nature de l'Hippopotamus.* Chap. XXIIII.

QVãt a ce qui est de la nature de l'*Hippopotamus*, ie n'ay nõ plus a en escrire que ce qui en ha esté desia dit par les anciẽs. C'est qu'il se depart la nuict du Nil, ou il ha demeuré caché tout le iour & va aux bleds qu'il paist toute nuict: mais il chemine a recullõs a fin que par telle astuce lon ne cognoisse poĩt ses pas. Au surplus l'on ha escript qu'il a esté nostre maistre & enseigneur en quelque partie de medecine, c'est a sçauoir en la phlebotomie, de laquelle il est inuenteur: car quand il s'est par trop engressé par se saouler oultre mesure, il vient a la riue du Nil, & la trouuãt quelques Cicots ou troncs des cannes qu'on y a taillees, choisit les plus agues qu'il peult, & se picquant certaine veine de la iambe, se fait saigner: & apres qu'il ha assez saigné, il restoupe la plaie de limon. Les cuirs des Hyppopotames estoient bien requis le temps passé pour faire des salades & bouchers: car ils estoient impenetrables aux flesches & aux espieus, dont les esclaues des Ethiopiens en auoient grãd gaing, d'autant qu'ils en apportoient beaucoup vẽdre aux foires qu'on tenoit en vne ville des Troglodites nõmee Aduliton. Les medecins n'ont faict grande mention, qu'il fust grãdement requis en l'vsage de medecine. Vray est que quelques par-

parties de ceste beste ont esté en vsage, cõme sont ses testicules, & sa gresse, laquelle guarit les fiebures, cõme aussi faict la fumee de ses excrements: & aussi la pouldre de son cuir bruslé garissoit les taches du visage & de tout le corps. I'auoye ia fini la descriptiõ de cest *Hippopotamus*, lors que trouuay monsieur de Codognac varlet de chambre du Roy, qui venoit de Constantinoble, lequel me dist que le subsdict animal estoit n agueres mort: & me dist aussi suyuant vn doubte que i'auoye, qu'il auoit les pieds correspondants aux pieds d'vne Tortue, & sa queue ressembloit mieuls a celle d'vne Tortue, qu'a celle d'vn porceau: au parsus qu'il estoit en quelques merques participãt auec la nature de la Tortue d'eau.

*Fin de l'Hippopotamus.*

## *D'vn petit poisson du Propontide fort admirable, & qui entre touts autres est d'estrange nature.* Chap. XXV.

ENtre touts les animauls que i'aye onc faict peindre: celuy qui m'a semblé le plus digne d'estre adiousté auec les peinctures des Daulphins, est ce petit *Nautilus*, ou Nautonnier. Car oultre ce qu'il est rare, aussi est il d'estrange nature & admirable, & pour autant qu'il ressemble a vn nauire, il ha esté nommé de touts en toutes langues Nautonnier. Si les Grecs & Latins n'en auoient assez amplemẽt escrit, ie le vouldroye entieremẽt descrire, mais sera ailleurs mieuls a propos. Car maintenãt que i'ay adiousté la figure de ce present petit poisson, il suffira que i'en escriue briefuemẽt, & que ie face entendre qu'õ le trouue aussi bien en la mer Mediterranee, que en la mer du Propontide, & qu'il est aussi trouué en la mer Adriatique aux riuages d'Esclauõnie & du Friol. Car monsieur maistre Iehan de Rochefort eloquent Philosophe & excellent medecin de la maison des Rocheforts de Blais, le me feist veoir la premiere fois a Padoue, lequel luy auoit esté enuoyé par vn sien amy de Muggia, qui est vne ville en Friol, au riuage de la mer Adriatique. Mais depuis ie me suis trouué a enveoir de ceuls qu'on auoit peschez en la mer Mediterranee car aussi aduient

ent il qu'on en trouue quelquesfois comme a Missine & a Naples, ou encor pour le iourd'huy lon en pourroit voir des coquilles au logis du capitaine nommé Guischard, lequel estant n'a pas long temps general des galleres de Sicile, vn sien souldard en se pourmenant par les riuages luy en apporta vn en vie. Nous auõs ouy son appellation vulgaire que luy ont baillé les Italiens, qui le nommoient *Moscarolo*. Mais *Moscarolo* ou *Muscardino* est nom qui est deu a vn autre nommé *Osmylus*. Vray est que comme *Osmylus* ha odeur de musc, aussi ha ce *Nautilus*, parquoy les habitãts du far de Missine le nõmẽt en leur vulgaire *Muscardino*. Il ha l'escorce tẽdre & subtile cõme papier, toute faicte a petits raiõs: lõ appelle cela estre strié ou cãnelé. Elle n'est pas de si exquise couleur d'argẽt, cõme est vne autre espece de coquille qui luy ressemble, de laquelle estoient faicts les vaisseaux qu'on nõmoit *Murrhina vasa*, & qui est appellee en Francois coquille de Nacre de perle, ou bien grosse Porcelaine mais elle est de couleur tirant sur le laict, moult biẽ reluisante, de laquelle la presente est sa vraie peincture.

*Portraict du Nautillus, lequel Pline nõme Põpilus ou Nauplius.*

ELle resẽble a vn nauire qui anciẽnement estoit nõmé Acatiõ, vaisseau plus commun en la mer du Propontide qu'il n'estoit ailleurs. *Mutianus* parlãt de ceste espece de cõche, l'a descripte cõme il la veit au Propontide, elle ha vne entonsure proprement cõme vn nauire, & ladicte entonsure est ce qu'on nomme la carẽne: a laquelle entonsure ou carenne l'on ha coustume d'attacher les aix du nauire aux deux costez. Il semble que ladicte coquille soit de trois pieces, sçauoir est que l'entonsure soit separee des deux costez. Mais cela n'est que de l'industrie de nature: car elle est d'vne seule piece, toute a beauls petits raions. Elle porte la proue deuant, comme faict vn nauire: & la pouppe derriere, ainsi retournee en rondeur de compas, comme estoit celle espece de nauire qui auoit nom Acation: ceste coquille est toute cochee aux bords, & seroit quasi de forme ronde, si elle n'auoit ouuerture par l'endroict ou se nourrit son animal. Sa grandeur ne surpasse point vne paulme: car estendant la main dess⁹ son escorce par la lõgueur, les extremitez du poulce & du petit doigt pourront bien arriuer aux extremitez de la coquille. Il la fault manier doulcement: car elle est fragile. Voila quãt a la coquille. Mais quand le poissõ sent le temps douls, & la mer sans tempeste, lors il sort hors de la mer auec sa coquille, & vient s'esbatre sur l'eau, le ventre contremont: qui est chose moult admirable en nature, qui n'est cõmune a nul autre. Il laisse vne espace vuide, sachant que sa coquille en sera plus legiere, a fin que mettant hors & estendant vne membrane ou pellicule qu'il ha, & d'icelle faisant voile, laquelle il renforce auec deux de ses iambes ou cirres, l'vne deça l'autre dela, il ait le plaisir qu'il pretent estant poussé legierement du vent par dessus l'eau. Il ha quatre iambes de chasque costé, desquelles deux tiennent la voile dressee, & les autres luy seruent d'auirons & de gouuernail, & a le voir lon diroit proprement que c'est vn nauire. S'il sent quelque peril eminent, tant des oyseaux nommez *Lari*, qui estants en l'air luy font la gueree comme a l'*Exocetus*, ou bien les autres appellez Caniards de mer, alors il retõurne sa coquille qui auoit le ventre contremont, & la remplit d'eau, & se retire dedẽs, pour retourner trouuer le fond de la mer. Et sa aiant tourné la coquille sur son dos, il retient puis la vraie façõ d'vn Limas. de mer

## *D'vne autre coquille presque semblable au Nautilus, dont anciennement on faisoit les plus beauls vases qu'eussent les Romains en vsage. Chap. XXVI.*

LA comparaison que i'ay naguere faicte de mon *Nautilus*, a la grand coquille de Porcelaine, m'a baillé occasion de la descrire. Elle est autrement nommee Coquille de Nacre de perle: il l'auoyt au parauant soupsonnee estre celle a qui le nom de *Nautil⁹* deust conuenir. Mais depuis aiant trouué le *Nautilus*, ie me suys mis en effort, de trouuer vn nom ancien a la susdicte Coquille de Porcelaine, qui ne m'a esté chose moult difficile, veu mesmement que le commun peuple la nommé vulgairemẽt grosse Porcelaine, a la difference des petites. Desquelles l'appellation n'est pas moderne. Car ie trouue des autheurs qui en ont faict mẽtiõ, expresse les nõmãts en Latĩ *Porcelliones*: desquelles les medecĩs ont quelque vsage, comme on peult veoir en l'autheur des Pãdectes & au Nicolas. Cela m'a faict autrefois penser que les ouuriers eussent l'industrie de les sçauoir accoustrer pour en faire ces beaus vases que nous nommons de Porcelaine. Or ces Coquilles que i'ay dit estre nommees Porcelaines, sont moult petites, aiãts quelque affinité auec celles qui ont nom *Murices*, & *Murex* est a dire *Purpura*, qui se resent de *Murrha*. Parquoy sachant que les vaisseaus qui anciennement s'appelloient *Murrhina*, surpassoient touts autres en excellence de beauté & en pris lesquels toutesfois estoiẽt naturels: sachant aussi que ceuls que nous nommons de Porcelaine sont artificiels. I'ay bien osé penser que les vases vulgairement nommez Porcelaine ne soient pas vraiement *Murrhina*. Car *Murrhina* me semble retenir quelque affinité auec *Murex*, & aussi la diction de *Murex* le resent ie ne sçay quoy de la Porcelaine. Parquoy ie ne pourroie conceder que les vaisseauls de Porcelaine artificiels faicts de terre, puissent obtenir ce nom antique, tant insigne & excellent de *Murrhina vasa*: mais trop bien que les vases faicts de la subsdicte grosse Porcelaine ou Coquille de Nacre de Perle, le pourroient obtenir: car c'estoient d'elles que tels vases estoient faicts. Il y ha vne autre espece de Coquille moult grosse, pesante, & lourde, que les vns nõment improprement Porcelane.

De

De ceste n'entens ie pas, ne aussi des vignols dont ceuls du Bresil font les patenostres, ne aussi des Nacres ou meres de perles, qui ressemblent a l'escaille d'vne huistre, ne aussi de plusieurs autres qui sont nommez Nacres de perles. Mais i'entens de ces belles Coquilles, rondes & caues, faictes en maniere de nauire, tant luysantes & polies, dont la couleur est plus excellente & exquise, que n'est la naifue couleur des perles: & la desquelles mesmemēt splendeur faict apparoistre vn arc en ciel, d'vne infinité de couleurs reluisantes qui se referent es yeulx de ceux qui les cōtēplēt. dont i'estime que les vaisseauls qui en furēt anciennemēt faicts, prindrent ceste appellation de *Murrhina*, d'autant qu'ils tenoient quelques merques de la couleur de *Murex* qui est a dire *Purpura*. Mais ie veoy maintenant vne maniere de vaisseauls que ie croy estre de l'inuention moderne quasi correspondants aux antiques nommez en vulgaire vaisseauls de Porcelaine, & croy bien que leur nom moderne se resente quelque chose de l'antique appellation de *Murrhina*. Ces vases de Porcelaine sōt les plus celebres qu'ō veoit pour le iourd'huy. Lesquels sont en ce differents aux anciēs que ceuls ci sont artificiels, & les autres nō. Ie trouue que les vaisseauls de Porcelaine sont faicts la plus part de la pierre nommee *Morochthus*, ou *Leucographis*: de laquelle les Egyptiēs se seruoient anciennement a blanchir leurs linges: mais ils en ont tourné l'vsage a donner les couuertures & enduicts ou reuestemēts aux subsdicts vaisseauls. Et combien qu'il y ait de telle pierre au pais Vicētin, au territoire Venitiē aupres de la tour Rousse, qu'on porte a *Sallo*, & de la par le lac de guarde pour distribuer es villes d'Italie, dont ils fōt les couuertures des subsdicts vases de Porcelaines toutesfois il n'y ha nulle comparaison d'excellence d'ouurage aux vaisseauls de Porcelaine faicts en Italie, auec ceuls qu'on faict en Azamie & Egypte, lesquels sont transparents & excellents en beaulté, & dont nous sçauons que la piece pour petite qu'elle soit est vendue au Caire deux ducats, comme est vne escuelle ou vn plat. Il y en ha au Caire qui y ont esté apportez de Azamie, c'est a dire Assirie & disent qu'on en faict aussi en Inde: dont vne grāde aiguiere ou coquemart est vendu cinq ducats la piece. Si est ce qu'ils sont vaisseauls mal cōuenants a mettre au feu. Tels vases sont artificiels faicts de ce que i'ay dict. Mais les vases dont vſoient les Romains, eſtoient naturels, n'aiants autre artifice de l'ouurier, ſinon belle polliſſure: & enchaſſement de la Coquille. Or pource que i'ay entrepris d'expliquer ceſte choſe, & la prouuer par la peincture, & par les vaſes qu'on en faict, il m'a ſemblé bon ne paſſer oultre que premier ie n'en baille leur deſcription que ie prendray de Pline & conſequemment le portaict. Si i'entreprenoye deſcrire toute l'hiſtoire des vaiſſeauls de Porcelaine, i'entreroye en vn grãd Labyrinthe hors de mõ propos, dont ie ne pourroye ayſeement ſortir. Parquoy ie finiray des vaiſſeauls de Porcelaine, & prendray a parler des vaiſſeauls de *Murrhina*, que i'ay deſia diſtingué des vaiſſeauls de Porcelaine, deſquels Pline ha amplemẽt eſcript au ſecõd chap. du xxxvij. liure, dõt il me ſuffit en toucher legierement quelque petit mot en prouue de ce que i'ẽ ay deſia parlé. Au lieu deſſus allegué Pline dict, qu'on n'en auoit encor point veu a Rome auant la victoire Aſiatique de Pompee lequel en dedia premieremẽt ſix de ſon triũphe a Iupiter. Mais tantoſt apres par excellence chaſque grand ſeigneur en voulut auoir. Il en dict beaucoup d'auãtage, que ie laiſſe a cauſe de briefueté: toutesfois i'ay bien voulu adiouſter ce qu'il en eſcript ſur la fin du chapitre. C'eſt que tels vaiſſeauls eſtoient apportez du pais d'orient a Rome, & qu'on y en trouuoit en pluſieurs endroicts, mais grandement au roiaulme des Parthes, & principalement en Carmanie. L'on eſtime (dit il) qu'ils ſoient procrées ſoubs terre d'ũ humeur eſpeſſie par la chaleur. Leur grandeur n'excede iamais les petits Gardemãgers, & peu ſouuẽt, ſont ſi eſpes qu'eſt vn vaiſſeau a boire. Ces vaiſſeauls (dit il) ont ſplendeur ſans force, & plus toſt niteur que ſplendeur. Mais la diuerſité des couleurs les faict eſtre en eſtime & hault pris, ſcauoir eſt de taches ſe changeants en circuit de couleur de pourpre & blancheur, & tiercement d'vne viue & enflammee couleur entre les deux, comme par pourpre ſurpaſſant la rougeur, ou blanchiſſant en couleur de laict. Aucuns louent principalement en euls les extremitez, & quelques reuerberation de couleurs, telles qu'on voit en l'arc en ciel, c'eſt a dire celeſte. Les taches graſſes ou eſpeſſes y ſont plaiſãtes: mais la tranſparence on palle couleur y eſt vicieuſe, & auſſi les inequalitez & verrues non eminentes, mais plates, comme es

corps.

corps. Ils ont aussi quelque louenge en l'odeur. Cela dict Pline. Ie ne di pas qu on ne puisse bien appeller les subsdicts vases Porcelaine: mais il les fault distinguer, les nômant vaisseauls de Porcelaine antiques, a la difference des vaisseauls de Porcelaine modernes. Car ceuls que nous auōs pour le iourd'huy, sont vaisseauls faicts de terre, que les Latins nomment *Fictilia*: ce que n'estoient es vases de Porcelaine des antiques, comme il appert en vn passage de Pline au liure trentecinq, chapitre douziesme, duquel il m a semblé conuenable mettre les mots Latins. *Vitellius* (dit il) *in principatu suo cc. sestertiis condidit patinam, cui faciendæ fornax in campis exædificata erat: quo iam eò peruenit luxuria, vt etiam fictilia pluris constēt, quàm Murrhina.* Ce passage de Pline est grandement a noter, car par iceluy appert que *Murrhina* n'estoient point faicts de terre, que les Latins dient *Fictilia*: & neantmoins ceuls qui afferment les vases vulgairement appellez de Porcelaine, estre ceuls que les anciens nommoient *Murrhina*, ne scauroient nier que lesdicts vases auiour d'huy nommez de Porcelaine, ne soient *Fictilia*, c'est a dire faicts de terre. Ie croy que qui vouldra regarder de bien pres a la Coquille dont ie baille le portraict, trouuera toutes les merques que i'ay n'agueres escriptes de *Murrhina*, par quoy il me semble ne faillir point en nommant *Murrha Concha* de nom antique, la Coquille dont icy est le portraict.

*Portraict de la Coquille, vulgairement nommee grosse Porcellaine, ou grand Coquille de Nacre de perle.*

P

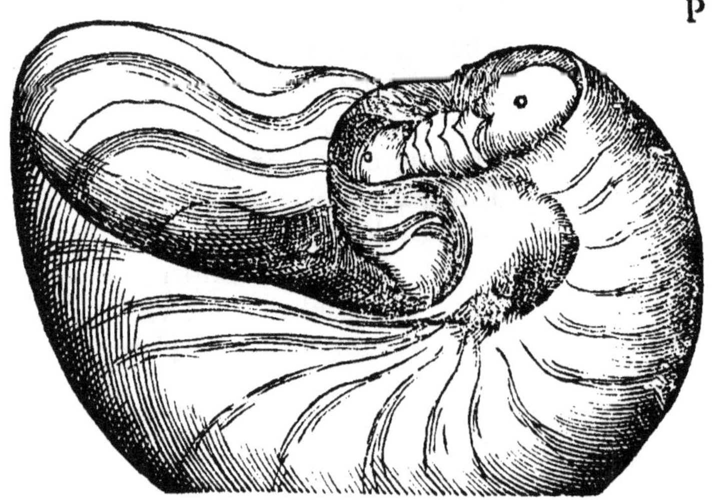

# Table des noms propres contenant seulement les choses plus notables de ce present liure.


A

Acipenser fo. 20
Acation fo. 53
Adano fo. 13
Aduliton fo. 51
Aigles de l'empire fo. 16
Alouettes fo. 22
Albanois tiennent la religion Greque fo. 6 & 25
Amia l'ennemy capital du Daulphin fo. 21. 24 & 45
Amnios ou est contenu vne liqueur en la secondine du Daulphin fo. 39
Amphibia animalia fo. 47
Anguille fo. 19
Anatomie du Daulphin fo. 36
Anges de mer fo. 41
Aper poisson, c'est a dire porc sanglier fo. 20 & 21
Apollo Citharœdus fo. 18
Arbalestre poisson fo. 45
Arabes ne mangent point de Daulphin fo. 5
Arion sauué de peril de la mer, par vn Daulphin fo. 7
Armes du Roy Asis fo. 12
Asne de mer fo. 17
Aspre artere ou siflet du Daulphin fo. 35
Atheneus fo. 15
Attilus poisson du Pau fo. 13
Aurata est different a nostre doree fo. 20

B

Baleine fo. 10. 30 32 42 43 & 47
Barbeau fo. 39
Balesta fo. 45
Bec d'Oie fo. 10
Benigne de villars appoticaire de Disgeon fo. 22
Bomarin fo. 48
Bosphorus cimmerius fo. 45
Bœuf marin fo. 20
Boucs fo. 30
Bretons fo. 9
Bremme de mer fo. 18
Bremme d'eau doulce fo. 18

C

Cauiar rouge de carpe fo. 35
Cauiar noir d'Esturgeon fo. 35
Cabasoni fo. 29
Canicula fo. 7
Carulos fo. 22
Canadelle fo. 17
Canarelle fo. 17
Cantarus fo. 18
Cantena fo. 18
Castor fo. 30 & 47
Capon fo. 19
Carpion fo. 48
Coniards fo. 22
Cæsar fo. 15
Cetacees fo. 27 & 47
Cetarij fo. 47
Chasse des Daulphins fo. 22
Cheuille ou scalme fo. 17
Chamas fo. 37
Chauldron fo. 37. 10 31 42 & 47
Chien de mer fo. 17. 28 & 41
Chorion du Daulphin fo. 38
Cigales fo. 17
Cithara fo. 18
Citharus fo. 18
Claudius fo. 32

Cleopatra fo. 48
Coquille de Nacre de perle fo. 52
Congre fo. 59 & 20
Concombre de mer fo. 17
Corbeaux de mer fo. 17
Cossiphos fo. 17
Corsula Isle fo. 25
Coniugation des nerfs du cerueau du Daulphin fo. 37
Crocodile fo. 47 & 50
Curiosité du Roy Francois fo. 43
Daulphin pris a Rimini fo. 7
Daulphin roy des poissons fo. 4
Dalmates tiennent le party des Grecs fo. 5
Daniel Barbarus gentilhomme Venicien fo. 7
Daulphin voulté ou courbé fo. 11
Daulphiné fo. 15 &26
Daulphin vignote fo. 16
Daulphin passagers fo. 24
Delphinion herbe fo. 26
Delphinophoron fo. 26
Description du Daulphin fo. 26
Description de l'Hippopo. fo. 48
Description du Marsouin fo. 29
Description d'Orca fo. 38
Delphiniera fo. 46
Diaphragme du Daulphin fo. 35
Diodore fo. 49
Donselle fo. 17
Dorso repando, Delphinus fo. 10
Doree fo. 20
Dragon fo. 18
Draco fo. 18

E

Egyptiens fo.
Egullats fo. 17
Elephants fo. 48
Embrion du Daulphin fo. 40 &41
Epigastre du Daulphin fo. 37
Estranges poissons fo. 16
Esclauós viuẽt a la Greque. f. 5 &25
Esturgeon 15 20 & 36
Estoille fo. 17
Esmerillon fo. 22
Estomach du Daulphin fo. 35
Estourneauls de mer fo. 17
Exocetus fo. & 53

F

Festina lentè fo. 12
Francois Perier peinctre fo. 28

G

Galei fo. 45
Gat fo. 17
Gallee fo. 19
Gauia ou moutte fo. 22
Gardemanger fo. 26
Geneuois fo. 14
Genitoires des femelles fo. 42
Gilbert medecin de Rome fo. 7
Girafes fo. 7
Glinos fo. 21
Gournault fo. 19
Gosier du Daulphin fo. 35
Grande coquille de pocelaine f. 53
Grue de mer fo. 17
Grues fo. 17
Grillus fo. 20
Grenoille de mer fo. 37
Grosse porcelaine fo. 52
Guido de Colona f. 15

H

Harpe fo. 18
Harpons fo. 46
Herodote fo. 45
Heron de mer fo 14
Hippopotamus fo. 20 & 51
Hirondelles de mer fo. 25
Hobreau fo. 22
Homar f. 17
Holosteos fo. 19
Hys fo. 20
Hymenees f. 41

I

Iuifs fo. 5

Ioãnes VVatſon ſcauant medecin Anglois . fo.9
Monſieur M.Iean le Feron fo.16
Iulis. fo.17
Inteſtins du Daulphin fo.36
Ichtiocoll a fo.47
Ichneumon fo.50
Iehan de Rochefort fo.52
Ibis fo.50
Inuēteur de la ſeignee Hip. fo.51

L

Latins moins ſcrupuleus que les Grecs fo. 8
Laros fo.22
L'angouſte fo. 53
Labyrinthe de Crete fo.36
Laggione fo.17
Lambena fo.17
Lamproie fo.19
Lamia fo.25 & 45
Larinx du Daulphin fo.35
Lelepris fo.17
Leucographis fo.54
L'hiſtoire d'Arion fo.5
Limats de mer fo.53
Lieure marin fo.16
Lion de mer fo.17
Littorales ou de riuage fo.17
Lyra fo.18 & 19
Libella 45 & 47
Lynces fo.48
Liepards fo.48
Loy de moyſe fo.5
Lotte de mer fo.20
Loutre. fo.30 & 47
Lune,poiſſon de mer fo.17

M

MaiſtrePierreGeodon apoti.fo.42
Mario fo. 20
Matrice du Daulphin fo.40 & 41
Mararmat fo.18
Malarmat fo.18
Mahometiſtes nē mangent point deDaulphin ne de Porc fo.6
Mangrellie fo.35
Mariniers Veniciens fo.8
Marſouin n'eſt pas diction Françoiſe fo.8
Marſioni petit poiſſon fo.29
Marſyo fo.9
Mamelles du Daulphin fo.36
Merſouin,ou Murſouin fo.9 & 10
Medalles antiques contenants les Daulphins fo.11
Merlus fo.17
Merle de mer fo.17
Milline fo.52
Milan de mer fo.25
Mille peinctures de poiſſons aſſemblees par M. Rōdelet fo. 47
Moſcarolo ou Muſcarolo fo 51
Moſcardino ou Muſcardino fo.51
Monſieur Goupil medecin fo.47
Morho ou Morhou fo.9
Maſchouere d'vne Orca chez M. le garde de ſeaux Bertrandi fo.31
Morochthus pierre fo.54
M.Scaurus fo.48
Muggia ville en Friol fo.52
Mulet de mer fo.17
Murene n'eſt pas Lamproie fo.19
Murrhina vaſa fo.52 53 & 54
Murex fo.53 & 54
Mutianus fo.53
Murrha concha fo.53&54

N

Nautilus fo.52 53 & 54
Nautonnier fo.52
Nacre de perles fs.5253 &54
Nebrides Galei fo.17
Nefs des eſchanſons de paneterie de chez les princes fo.26
Niſſoles fo. 17

O

Obelisques ou sont grauez les images des Hippopotames fo.51
Omentum du Daulphin fo.55
Onces fo.48
Oudre & Ouette fo.10 & 30
Orties de mer fo.17
Orca fo.32
Ossements du Daulphin fo.45
Osmylus fo.51
Ours de mer fo.16
Oye de mer ou Daulphin fo.5 & 14

P

Parastates des Daulphines fo. 42
Papilles ou trayons des mamelles de la Daulphine fo. 35 & 37
Palumb fo. 17
Papegault de mer fo.17
Paon de mer fo.17 & 18
Pesce forca fo. 19
Peinctures de poissons de M. Daniel Barbarus Patriarche d'Aquilee fo.7
Pesce armato fo.18
Pesce san Petro fo. 20
Perses sont Mahõmetistes fo 5
Pescheurs du Leuant fo. 7
Pelamides fo. 11
Pesce spada fo. 14
Petrus Gillius fo. 45
Pes escome fo. 17
Pericardion du Daulphin fo. 35
Pelagij, ou de plaine mer fo. 17
Phileter fo. 31
Philantropos fo. 5
Phoca ou veau de mer fo. 29
Phocæna ou Marsouin fo. 9 14 & 15
Phycis ou Tenche de mer fo. 17
Phalangions fo 42
Pic de mer, ou Piuerd fo. 17
Pierre Geodon appoticaire fo. 42
Pompilus fo. 26 & 52
Porc pos ou Porcpisch fo. 9
Porceau de mer fo. 9 & 20
Poisson Empereur fo. 14
Porcelaine fo. 53
Porcelette fo. 20
Porcelliones fo. 53
Porcus fo. 20
Portraict du Daulphin fo. 29
Portraict de Orca fo. 32
Prouerbe d'Auguste Cæsar fo. 12
Pristes fo. 31
Pristis fo. 31
Psoron fo. 17
Pyramide d'Egypte fo. 36

R

Raisins de mer fo. 17
Raies desguisees fo. 16
Rats d'eau fo. 30
Ratte de l'Orca fo. 43
Religion des Mahometistes fo.5
Regnard de mer fo. 16, 25 & 46
Remus fo. 45
Romulus fo. 50
Rhines fo. 41
Riuiere du Pau fo. 13
Rouget fo.19
Roussette fo. 17 21 41 & 47
Roquau fo. 17
Rotulo fo. 20
Rougnons du Daulphin fo. 36
Russiens obeissent a l'esglise Greque fo. 5

S

Saet ville d'Egypte fo. 51
Salmandre fo. 42
Sardines fo. 22
Sauterelle de mer fo. 17
Sanglier poisson du fleuue Achelous fo. 20
Saxatiles fo. 17
Saulmont d'estain ou de plomb fo. 26

Sanut fo. 19
Scarus fo. 19
Salpa fo. 18
Sceletos du Daulphin f. 45
Scardola fo.
Serpent de mer fo. 59 & 20
Serpens terrestres fo. 19
Sercasses sont de la foy Greque. f. 5
Selerins fo. 20 & 47
Singe de mer fo. 14. 15 & 21
Synediæ fo. 27
Synodontides fo. 37
Soleil fo. 17
Sphiræna fo. 17
Spinaces Galei fo.
Sphinges fo. 37 & 50
Statues du Daulphin fo. 50
Statues Egyptiennes fo. 49
Statues Romaines fo. 49
Stellaris fo. 17
Superstition des Grecs fo. 5
Sus fo. 20
Syriens f. 5

T

Tarentins fo. 12 & 15
Taras fo. 12 & 15
Tanches de mer fo. 18
Tanua fo. 18
Telemachus fo. 15 & 26
Teste du Daulphin fo. 38
Tygres fo. 48
Tite Vespasien fo. 12
Toys fo. 11 & 14
Torlyo fo. 14 & 29
Tortues fo. 30
Troglodytes fo. 51
Trippe du nombril du Daulphin fo. 38 & 39
Traine fo. 21
Troiens fo. 15
Truie fo. 20
Trueue fo. 20
Truega fo. 20
Triglites fo. 37
Turco fo. 9
Tumbe fo. 19

V

Vaisseau nommé Delphinus fo. 26
Valturnus fo. 5
Vlisses fo. 15 & 26
Viue fo. 18
Veau de mer fo. 29 & 47
Vter fo. 30
Veines du Daulphin fo. 36
Vreteres du Daulphin fo. 37
Vescie du Daulphin fo. 37 & 40
Vrachus 38. 39 & 41
Voiage de monsieur le Baron desfunct par Arabie deserte
Vipere fo. 42
Vertebres du Daulphin f. 45
Vignols fo. 54

Z

Zigurelle fo. 17
Zaphile, ou Zaphirus fo. 18
Zigena ou Libella fo. 45 & 47

## FAVLTES ADVENVES A L'IMPRESSION.

Au neufiesme fueillet chap. xv. ou il y ha que la voix du Daulphi lisez que le nõ du Daulphin Au xv. fueillet chap. xvij. pour l'engrauerie lisez l'engraueure. Au xvj. fueillet cha. xxx. ou il y ha ne pouues, lisez ne peuuẽt. Au xvij. fueil ligne derniere ou il y a chenille lisez cheuille. au xix. f. chap. xxxj. pour raseau lisez circuit. Au xxxj. f. chap. penultime pour narines lisez racine.

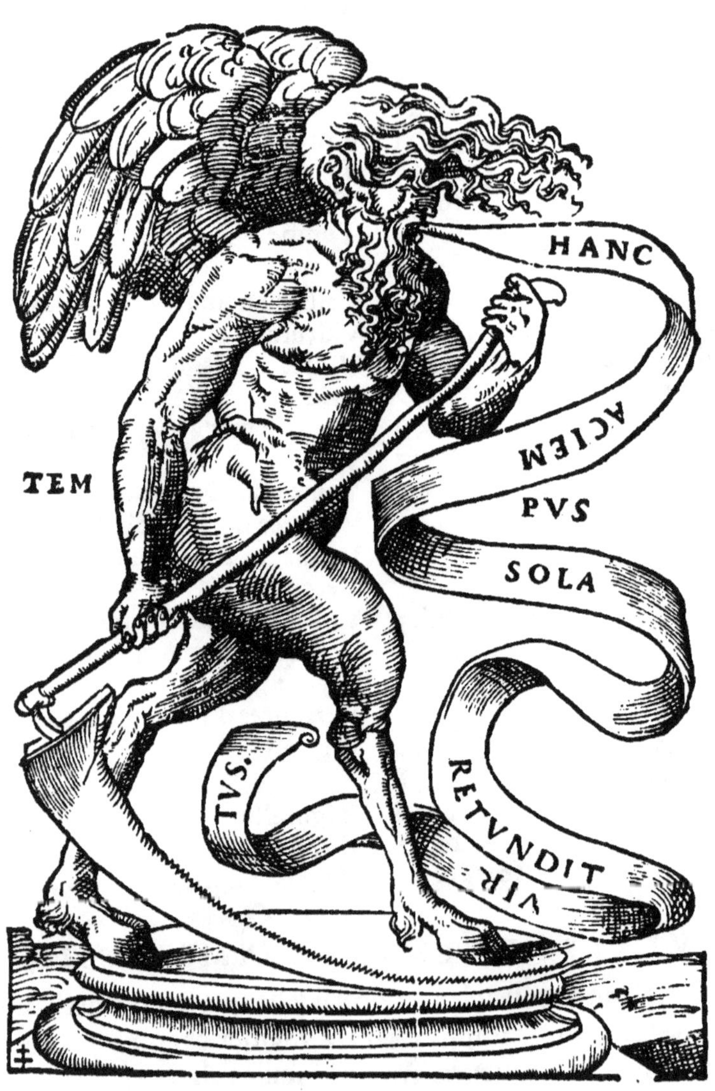
HANC
ACIEM
TEM
PVS
SOLA
RETVNDIT
VIR
TVS.

www.ingramcontent.com/pod-product-compliance
Lightning Source LLC
Chambersburg PA
CBHW071220200326
41519CB00018B/5607

* 9 7 8 2 0 1 2 6 7 8 0 3 3 *